# 한솔 완벽한 연산

수학은 마라톤입니다.
지금 여러분은 출발 지점에 서 있습니다.
초등학교 저학년 때는
수학 마라톤을 잘 하기 위해
기초 체력을 튼튼히 길러야 합니다.

**한솔 완벽한 연산**으로 시작하세요.
마라톤을 잘 뛸 수 있는 완벽한 연산 실력을 키워줍니다.

##  왜 완벽한 연산인가요?

기초 연산은 물론, 학교 연산까지 이 책 시리즈 하나면 완벽하게 끝나기 때문입니다. '한솔 완벽한 연산'은 하루 8쪽씩, 5일 동안 4주분을 학습하고, 마지막 주에는 학교 시험에 완벽하게 대비할 수 있도록 '연산 UP' 16쪽을 추가로 제공합니다.
매일 꾸준한 연습으로 연산 실력을 키우기에 충분한 학습량입니다.
'한솔 완벽한 연산' 하나면 기초 연산도 학교 연산도 완벽하게 대비할 수 있습니다.

##  몇 단계로 구성되고, 몇 학년이 풀 수 있나요?

모두 6단계로 구성되어 있습니다.
'한솔 완벽한 연산'은 한 단계가 1개 학년이 아닙니다. 연산의 기초 훈련이 가장 필요한 시기인 초등 2~3학년에 집중하여 여러 단계로 구성하였습니다.
이 시기에는 수학의 기초 체력을 튼튼히 길러야 하니까요.

| 단계 | 권장 학년 | 학습 내용 |
|------|-----------|-----------|
| MA | 6~7세 | 100까지의 수, 더하기와 빼기 |
| MB | 초등 1~2학년 | 한 자리 수의 덧셈, 두 자리 수의 덧셈 |
| MC | 초등 1~2학년 | 두 자리 수의 덧셈과 뺄셈 |
| MD | 초등 2~3학년 | 두 · 세 자리 수의 덧셈과 뺄셈 |
| ME | 초등 2~3학년 | 곱셈구구, (두 · 세 자리 수)×(한 자리 수), (두 · 세 자리 수)÷(한 자리 수) |
| MF | 초등 3~4학년 | (두 · 세 자리 수)×(두 자리 수), (두 · 세 자리 수)÷(두 자리 수), 분수 · 소수의 덧셈과 뺄셈 |

**❓ 책 한 권은 어떻게 구성되어 있나요?**

✏️ 책 한 권은 모두 4주 학습으로 구성되어 있습니다.
한 주는 모두 40쪽으로 하루에 8쪽씩, 5일 동안 푸는 것을 권장합니다.
마지막 5주차에는 학교 시험에 대비할 수 있는 '연산 UP'을 학습합니다.

**❓ '한솔 완벽한 연산'도 매일매일 풀어야 하나요?**

✏️ 물론입니다. 매일매일 규칙적으로 연습을 해야 연산 능력이 향상되기 때문입니다.
월요일부터 금요일까지 매일 8쪽씩, 4주 동안 규칙적으로 풀고, 마지막 주에
'연산 UP' 16쪽을 다 풀면 한 권 학습이 끝납니다.
매일매일 푸는 습관이 잡히면 개인 진도에 따라 두 달에 3권을 푸는 것도 가능
합니다.

**❓ 하루 8쪽씩이라구요? 너무 많은 양 아닌가요?**

✏️ '한솔 완벽한 연산'은 술술 풀면서 잘 넘어가는 학습지입니다.
공부하는 학생 입장에서는 빡빡한 문제를 4쪽 푸는 것보다 술술 넘어가는 문제를
8쪽 푸는 것이 훨씬 큰 성취감을 느낄 수 있습니다.
'한솔 완벽한 연산'은 학생의 연령을 고려해 쪽당 학습량을 전략적으로 구성했습니
다. 그래서 학생이 부담을 덜 느끼면서 효과적으로 학습할 수 있습니다.

##  학교 진도와 맞추려면 어떻게 공부해야 하나요?

✏️ 이 책은 한 권을 한 달 동안 푸는 것을 권장합니다.
각 단계별 학교 진도는 다음과 같습니다.

| 단계 | MA | MB | MC | MD | ME | MF |
|------|-----|-----|-----|-----|-----|-----|
| 권 수 | 8권 | 5권 | 7권 | 7권 | 7권 | 7권 |
| 학교 진도 | 초등 이전 | 초등 1학년 | 초등 2학년 | 초등 3학년 | 초등 3학년 | 초등 4학년 |

초등학교 1학년이 3월에 MB 단계부터 매달 1권씩 꾸준히 푼다고 한다면 2학년
이 시작될 때 MD 단계를 풀게 되고, 3학년 때 MF 단계(4학년 과정)까지 마무
리할 수 있습니다.

이 책 시리즈로 꼼꼼히 학습하게 되면 일반 방문학습지 못지 않게 충분한 연
산 실력을 쌓게 되고 조금씩 다음 학년 진도까지 학습할 수 있다는 장점이 있
습니다.

매일 꾸준히 성실하게 학습한다면 학년 구분 없이 원하는 진도를 스스로 계획하
고 진행해 나갈 수 있습니다.

## (?) '연산 UP'은 어떻게 공부해야 하나요?

✏️ '연산 UP'은 4주 동안 훈련한 연산 능력을 확인하는 과정이자 학교에서 흔히
접하는 계산 유형 문제까지 접할 수 있는 코너입니다.
'연산 UP'의 구성은 다음과 같습니다.

| 1단계 | 2단계 | 3단계 |
|-------|-------|-------|
| 4주 학습<br>총정리 문제 | 연산력 강화를 위한<br>연산 활용 문제 | 연산력 강화를 위한<br>문장제 |

'연산 UP'은 모두 16쪽으로 구성되었으므로 하루 8쪽씩 2일 동안 학습하고, 다
음 단계로 진행할 것을 권장합니다.

**6~7세**

**MB** **초등 1·2학년 ①**

초등 1·2학년 ②

MD 초등 2·3학년 ①

## 주별 학습 내용    MC단계 ❶권

# 받아올림이 없는
# (두 자리 수)+(한 자리 수)

1주차

| 요일 | 교재 번호 | 학습한 날짜 | | 확인 |
|------|-----------|------------|---|------|
| 1일차(월) | 01~08 | 월 | 일 | |
| 2일차(화) | 09~16 | 월 | 일 | |
| 3일차(수) | 17~24 | 월 | 일 | |
| 4일차(목) | 25~32 | 월 | 일 | |
| 5일차(금) | 33~40 | 월 | 일 | |

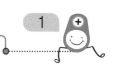

● 덧셈을 하세요.

(1) $9 + 1 = \boxed{\phantom{00}}$

(2) $10 + 2 = \boxed{\phantom{00}}$

(3) $10 + 3 = \boxed{\phantom{00}}$

(4) $11 + 5 = \boxed{\phantom{00}}$

(5) $11 + 6 = \boxed{\phantom{00}}$

(6) $12 + 4 = \boxed{\phantom{00}}$

(7) $13 + 3 = \boxed{\phantom{00}}$

(8) $13 + 4 = \boxed{\phantom{00}}$

(9) $8 + 4 =$ ☐

(10) $9 + 3 =$ ☐

(11) $10 + 4 =$ ☐

(12) $10 + 7 =$ ☐

(13) $11 + 8 =$ ☐

(14) $12 + 5 =$ ☐

(15) $13 + 6 =$ ☐

(16) $14 + 3 =$ ☐

(17) $15 + 4 =$ ☐

MC01 받아올림이 없는 (두 자리 수)+(한 자리 수)

● 덧셈을 하세요.

(1) 8 + 2 =

(2) 10 + 3 =

(3) 13 + 3 =

(4) 16 + 1 =

(5) 16 + 2 =

(6) 17 + 1 =

(7) 11 + 4 =

(8) 13 + 4 =

(9) $\boxed{12} + \boxed{6} = \boxed{\phantom{0}}$

(10) $\boxed{13} + \boxed{2} = \boxed{\phantom{0}}$

(11) $\boxed{13} + \boxed{5} = \boxed{\phantom{0}}$

(12) $\boxed{14} + \boxed{1} = \boxed{\phantom{0}}$

(13) $\boxed{15} + \boxed{1} = \boxed{\phantom{0}}$

(14) $\boxed{15} + \boxed{3} = \boxed{\phantom{0}}$

(15) $\boxed{16} + \boxed{3} = \boxed{\phantom{0}}$

(16) $\boxed{11} + \boxed{7} = \boxed{\phantom{0}}$

(17) $\boxed{12} + \boxed{7} = \boxed{\phantom{0}}$

5

● 덧셈을 하세요.

(1) $\boxed{10} + \boxed{5} = \boxed{\phantom{00}}$

(2) $\boxed{10} + \boxed{8} = \boxed{\phantom{00}}$

(3) $\boxed{10} + \boxed{9} = \boxed{\phantom{00}}$

(4) $\boxed{11} + \boxed{6} = \boxed{\phantom{00}}$

(5) $\boxed{11} + \boxed{7} = \boxed{\phantom{00}}$

(6) $\boxed{12} + \boxed{2} = \boxed{\phantom{00}}$

(7) $\boxed{8} + \boxed{10} = \boxed{\phantom{00}}$

(8) $\boxed{5} + \boxed{10} = \boxed{\phantom{00}}$

(9) $12 + 5 = $ ☐

(10) $12 + 7 = $ ☐

(11) $13 + 2 = $ ☐

(12) $15 + 3 = $ ☐

(13) $16 + 2 = $ ☐

(14) $11 + 8 = $ ☐

(15) $10 + 6 = $ ☐

(16) $2 + 13 = $ ☐

(17) $3 + 15 = $ ☐

**MC01** 받아올림이 없는 (두 자리 수)+(한 자리 수)

● 덧셈을 하세요.

(1) 20 + 1 = ☐

(2) 20 + 2 = ☐

(3) 20 + 4 = ☐

(4) 20 + 5 = ☐

(5) 22 + 2 = ☐

(6) 24 + 3 = ☐

(7) 2 + 20 = ☐

(8) 3 + 22 = ☐

(9) $30 + 1 = \boxed{\phantom{00}}$

(10) $30 + 2 = \boxed{\phantom{00}}$

(11) $30 + 5 = \boxed{\phantom{00}}$

(12) $31 + 3 = \boxed{\phantom{00}}$

(13) $33 + 2 = \boxed{\phantom{00}}$

(14) $33 + 4 = \boxed{\phantom{00}}$

(15) $35 + 2 = \boxed{\phantom{00}}$

(16) $6 + 30 = \boxed{\phantom{00}}$

(17) $3 + 31 = \boxed{\phantom{00}}$

**MC01** 받아올림이 없는 (두 자리 수)+(한 자리 수)

● 덧셈을 하세요.

(1) $10 + 4 = \boxed{\phantom{00}}$

(2) $11 + 5 = \boxed{\phantom{00}}$

(3) $12 + 6 = \boxed{\phantom{00}}$

(4) $10 + 8 = \boxed{\phantom{00}}$

(5) $21 + 1 = \boxed{\phantom{00}}$

(6) $22 + 2 = \boxed{\phantom{00}}$

(7) $23 + 4 = \boxed{\phantom{00}}$

(8) $25 + 4 = \boxed{\phantom{00}}$

(9) 31 + 3 = ☐

(10) 32 + 3 = ☐

(11) 32 + 6 = ☐

(12) 27 + 2 = ☐

(13) 26 + 3 = ☐

(14) 34 + 3 = ☐

(15) 35 + 2 = ☐

(16) 37 + 1 = ☐

(17) 33 + 6 = ☐

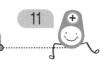

**MC01** 받아올림이 없는 (두 자리 수)+(한 자리 수)

● 덧셈을 하세요.

(1) 40 + 3 = ▢

(2) 40 + 4 = ▢

(3) 42 + 2 = ▢

(4) 50 + 1 = ▢

(5) 50 + 3 = ▢

(6) 51 + 3 = ▢

(7) 3 + 40 = ▢

(8) 2 + 42 = ▢

(9) $41 + 2 =$ ☐

(10) $42 + 3 =$ ☐

(11) $51 + 4 =$ ☐

(12) $52 + 5 =$ ☐

(13) $43 + 5 =$ ☐

(14) $52 + 2 =$ ☐

(15) $41 + 5 =$ ☐

(16) $2 + 41 =$ ☐

(17) $4 + 51 =$ ☐

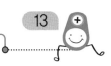

**MC01** 받아올림이 없는 (두 자리 수)+(한 자리 수)

● 덧셈을 하세요.

(1) 60 + 2 = ☐

(2) 70 + 5 = ☐

(3) 70 + 3 = ☐

(4) 60 + 6 = ☐

(5) 60 + 7 = ☐

(6) 73 + 1 = ☐

(7) 4 + 70 = ☐

(8) 9 + 60 = ☐

(9) $61 + 3 = \boxed{\phantom{00}}$

(10) $63 + 2 = \boxed{\phantom{00}}$

(11) $71 + 1 = \boxed{\phantom{00}}$

(12) $73 + 2 = \boxed{\phantom{00}}$

(13) $65 + 3 = \boxed{\phantom{00}}$

(14) $70 + 7 = \boxed{\phantom{00}}$

(15) $70 + 8 = \boxed{\phantom{00}}$

(16) $6 + 60 = \boxed{\phantom{00}}$

(17) $5 + 70 = \boxed{\phantom{00}}$

**MC01** 받아올림이 없는 (두 자리 수)+(한 자리 수)

● 덧셈을 하세요.

(1) $80 + 4 = \boxed{\phantom{00}}$

(2) $80 + 7 = \boxed{\phantom{00}}$

(3) $90 + 3 = \boxed{\phantom{00}}$

(4) $90 + 4 = \boxed{\phantom{00}}$

(5) $83 + 5 = \boxed{\phantom{00}}$

(6) $87 + 1 = \boxed{\phantom{00}}$

(7) $5 + 80 = \boxed{\phantom{00}}$

(8) $7 + 90 = \boxed{\phantom{00}}$

(9) 80 + 5 =

(10) 90 + 5 =

(11) 90 + 9 =

(12) 80 + 8 =

(13) 84 + 1 =

(14) 92 + 3 =

(15) 94 + 1 =

(16) 5 + 90 =

(17) 5 + 80 =

**MC01** 받아올림이 없는 (두 자리 수)+(한 자리 수)

● 덧셈을 하세요.

(1)  40 + 3 =

(2)  40 + 7 =

(3)  50 + 6 =

(4)  51 + 4 =

(5)  60 + 2 =

(6)  60 + 6 =

(7)  70 + 1 =

(8)  70 + 7 =

(9)  80 + 2 =

(10)  81 + 5 =

(11)  90 + 8 =

(12)  30 + 2 =

(13)  92 + 3 =

(14)  52 + 2 =

(15)  43 + 4 =

(16)  65 + 2 =

(17)  90 + 3 =

● 덧셈을 하세요.

(1) $20 + 9 =$

(2) $40 + 4 =$

(3) $50 + 3 =$

(4) $70 + 8 =$

(5) $61 + 7 =$

(6) $90 + 2 =$

(7) $5 + 80 =$

(8) $6 + 30 =$

(9)   $21 + 7 =$

(10)  $34 + 2 =$

(11)  $25 + 4 =$

(12)  $36 + 3 =$

(13)  $22 + 5 =$

(14)  $31 + 6 =$

(15)  $23 + 2 =$

(16)  $5 + 31 =$

(17)  $3 + 24 =$

**MC01** 받아올림이 없는 (두 자리 수)+(한 자리 수)

● 덧셈을 하세요.

(1) $21 + 3 =$

(2) $21 + 4 =$

(3) $23 + 5 =$

(4) $32 + 1 =$

(5) $32 + 2 =$

(6) $35 + 3 =$

(7) $2 + 26 =$

(8) $3 + 34 =$

(9) $22 + 5 =$

(10) $37 + 1 =$

(11) $33 + 2 =$

(12) $24 + 1 =$

(13) $36 + 0 =$

(14) $25 + 3 =$

(15) $34 + 4 =$

(16) $2 + 22 =$

(17) $4 + 31 =$

**MC01** 받아올림이 없는 (두 자리 수)+(한 자리 수)

● 덧셈을 하세요.

(1) $42 + 3 =$

(2) $42 + 4 =$

(3) $53 + 1 =$

(4) $54 + 5 =$

(5) $45 + 2 =$

(6) $56 + 1 =$

(7) $3 + 42 =$

(8) $1 + 53 =$

(9)  $52 + 4 =$

(10)  $44 + 0 =$

(11)  $41 + 5 =$

(12)  $51 + 6 =$

(13)  $42 + 3 =$

(14)  $55 + 3 =$

(15)  $47 + 2 =$

(16)  $4 + 43 =$

(17)  $8 + 51 =$

**MC01** 받아올림이 없는 (두 자리 수)+(한 자리 수)

● 덧셈을 하세요.

(1) $10 + 2 =$

(2) $21 + 2 =$

(3) $13 + 4 =$

(4) $23 + 3 =$

(5) $32 + 5 =$

(6) $32 + 6 =$

(7) $3 + 25 =$

(8) $6 + 31 =$

(9)  $41 + 4 =$

(10)  $40 + 6 =$

(11)  $52 + 2 =$

(12)  $52 + 3 =$

(13)  $45 + 1 =$

(14)  $53 + 5 =$

(15)  $53 + 4 =$

(16)  $2 + 45 =$

(17)  $8 + 50 =$

**MC01** 받아올림이 없는 (두 자리 수) + (한 자리 수)

● 덧셈을 하세요.

(1) $61 + 4 =$

(2) $71 + 2 =$

(3) $63 + 5 =$

(4) $75 + 3 =$

(5) $86 + 1 =$

(6) $72 + 2 =$

(7) $3 + 73 =$

(8) $5 + 64 =$

(9) $72 + 5 =$

(10) $75 + 4 =$

(11) $68 + 1 =$

(12) $85 + 3 =$

(13) $93 + 0 =$

(14) $94 + 5 =$

(15) $82 + 7 =$

(16) $3 + 63 =$

(17) $2 + 76 =$

**MC01** 받아올림이 없는 (두 자리 수)+(한 자리 수)

● 빈칸에 알맞은 수를 쓰세요.

| + | 6 | 7 | 8 | 9 |
|---|---|---|---|---|
| 20 | 26 | 27 | | 29 |
| 30 | 36 | | 38 | |
| 40 | | 47 | 48 | |
| 50 | 56 | 57 | | 59 |
| 60 | | | 68 | 69 |
| 70 | | | 78 | 79 |

● 빈칸에 알맞은 수를 쓰세요.

| +  | 2  | 3  | 4  | 5  |
|----|----|----|----|----|
| 23 | 25 | 26 |    | 28 |
| 41 |    | 44 | 45 |    |
| 52 | 54 |    | 56 | 57 |
| 64 |    | 67 |    | 69 |
| 30 |    |    | 34 | 35 |
| 72 |    | 75 |    | 77 |

**MC01** 받아올림이 없는 (두 자리 수)+(한 자리 수)

● 빈칸에 알맞은 수를 쓰세요.

| + | 1 | 3 | 4 | 5 |
|---|---|---|---|---|
| 21 | 22 | 24 | 25 | 26 |
| 31 | 32 | | | |
| 42 | 43 | | | |
| 52 | 53 | | | |
| 55 | 56 | | | 60 |
| 65 | 66 | | 69 | 70 |

● 빈칸에 알맞은 수를 쓰세요.

| + | 5 | 6 | 7 | 8 |
|---|---|---|---|---|
| 60 | 65 | 66 | 67 | 68 |
| 61 | | | 68 | 69 |
| 70 | 75 | | | |
| 71 | | 77 | | |
| 80 | 85 | 86 | | |
| 81 | | | 88 | 89 |

**MC01** 받아올림이 없는 (두 자리 수)+(한 자리 수)

● □ 안에 알맞은 수를 쓰세요.

(1) $10 + 3 = \boxed{\phantom{00}}$

(2) $11 + 5 = \boxed{\phantom{00}}$

(3) $20 + 4 = \boxed{\phantom{00}}$

(4) $10 + \boxed{\phantom{0}} = 13$

(5) $11 + \boxed{\phantom{0}} = 16$

(6) $10 + \boxed{\phantom{0}} = 19$

(7) $20 + \boxed{\phantom{0}} = 24$

(8) $30 + 5 = \boxed{\phantom{00}}$

(9) $40 + 7 = \boxed{\phantom{00}}$

(10) $45 + 3 = \boxed{\phantom{00}}$

(11) $36 + 2 = \boxed{\phantom{00}}$

(12) $30 + \boxed{\phantom{0}} = 35$

(13) $40 + \boxed{\phantom{0}} = 47$

(14) $45 + \boxed{\phantom{0}} = 48$

(15) $36 + \boxed{\phantom{0}} = 38$

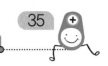

**MC01** 받아올림이 없는 (두 자리 수)+(한 자리 수)

● ☐ 안에 알맞은 수를 쓰세요.

(1) $50 + 6 = \boxed{\phantom{00}}$

(2) $52 + 7 = \boxed{\phantom{00}}$

(3) $61 + 4 = \boxed{\phantom{00}}$

(4) $52 + \boxed{\phantom{00}} = 59$

(5) $50 + \boxed{\phantom{00}} = 56$

(6) $61 + \boxed{\phantom{00}} = 65$

(7) $12 + \boxed{\phantom{00}} = 15$

(8) $70 + 6 = \boxed{\phantom{00}}$

(9) $74 + 5 = \boxed{\phantom{00}}$

(10) $80 + 4 = \boxed{\phantom{00}}$

(11) $92 + 3 = \boxed{\phantom{00}}$

(12) $70 + \boxed{\phantom{00}} = 76$

(13) $74 + \boxed{\phantom{00}} = 79$

(14) $80 + \boxed{\phantom{00}} = 84$

(15) $92 + \boxed{\phantom{00}} = 95$

**MC01** 받아올림이 없는 (두 자리 수)+(한 자리 수)

● □ 안에 알맞은 수를 쓰세요.

(1) $34 + 5 = \boxed{\phantom{00}}$

(2) $42 + 3 = \boxed{\phantom{00}}$

(3) $11 + \boxed{\phantom{0}} = 16$

(4) $21 + \boxed{\phantom{0}} = 24$

(5) $42 + \boxed{\phantom{0}} = 45$

(6) $32 + \boxed{\phantom{0}} = 36$

(7) $22 + \boxed{\phantom{0}} = 26$

(8) $62 + 6 = \boxed{\phantom{00}}$

(9) $70 + 4 = \boxed{\phantom{00}}$

(10) $23 + \boxed{\phantom{0}} = 25$

(11) $27 + \boxed{\phantom{0}} = 29$

(12) $33 + \boxed{\phantom{0}} = 36$

(13) $70 + \boxed{\phantom{0}} = 74$

(14) $62 + \boxed{\phantom{0}} = 68$

(15) $47 + \boxed{\phantom{0}} = 49$

**MC01** 받아올림이 없는 (두 자리 수)+(한 자리 수)

● □ 안에 알맞은 수를 쓰세요.

(1) $23 + 2 = \boxed{\phantom{00}}$

(2) $80 + 7 = \boxed{\phantom{00}}$

(3) $13 + \boxed{\phantom{0}} = 18$

(4) $24 + \boxed{\phantom{0}} = 26$

(5) $16 + \boxed{\phantom{0}} = 19$

(6) $80 + \boxed{\phantom{0}} = 87$

(7) $23 + \boxed{\phantom{0}} = 25$

(8) $45 + 2 = \boxed{\phantom{00}}$

(9) $30 + 4 = \boxed{\phantom{00}}$

(10) $70 + \boxed{\phantom{0}} = 75$

(11) $87 + \boxed{\phantom{0}} = 88$

(12) $35 + \boxed{\phantom{0}} = 39$

(13) $30 + \boxed{\phantom{0}} = 34$

(14) $45 + \boxed{\phantom{0}} = 47$

(15) $21 + \boxed{\phantom{0}} = 29$

MC 단계 1 권

# 몇십 만들기

2주차

| 요일 | 교재 번호 | 학습한 날짜 | | 확인 |
|---|---|---|---|---|
| 1일차(월) | 01~08 | 월 | 일 | |
| 2일차(화) | 09~16 | 월 | 일 | |
| 3일차(수) | 17~24 | 월 | 일 | |
| 4일차(목) | 25~32 | 월 | 일 | |
| 5일차(금) | 33~40 | 월 | 일 | |

● □ 안에 알맞은 수를 쓰세요.

+5

(1)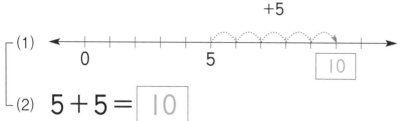

(2) $5 + 5 = \boxed{10}$

+3

(3)

(4) $7 + 3 = \boxed{\phantom{00}}$

+2

(5)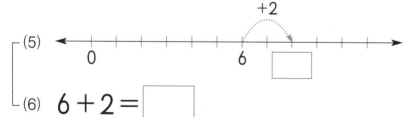

(6) $6 + 2 = \boxed{\phantom{00}}$

+8

(7)

(8) $2 + 8 = \boxed{\phantom{00}}$

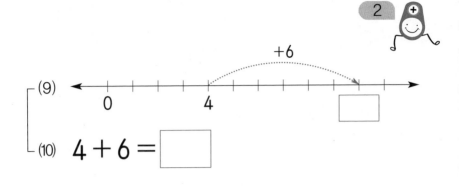

(9)

(10) $4 + 6 =$ ▢

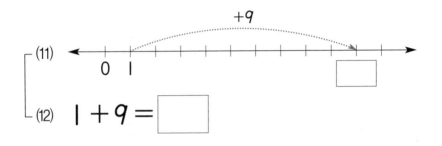

(11)

(12) $1 + 9 =$ ▢

(13)

(14) $6 + 3 =$ ▢

(15)

(16) $8 + 2 =$ ▢

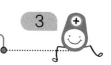

● ☐ 안에 알맞은 수를 쓰세요.

(1)

(2) $17 + 3 =$ ☐

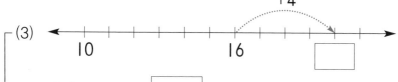

(3)

(4) $16 + 4 =$ ☐

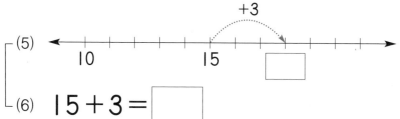

(5)

(6) $15 + 3 =$ ☐

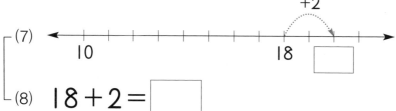

(7)

(8) $18 + 2 =$ ☐

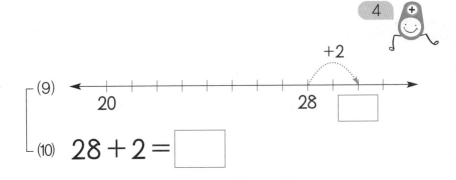

(9)

(10) $28 + 2 =$ ⬚

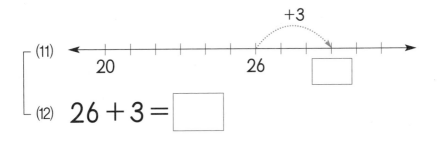

(11)

(12) $26 + 3 =$ ⬚

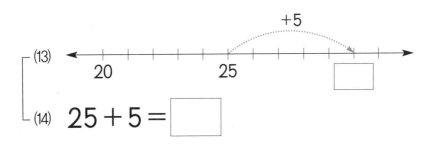

(13)

(14) $25 + 5 =$ ⬚

(15)

(16) $29 + 1 =$ ⬚

5

● ☐ 안에 알맞은 수를 쓰세요.

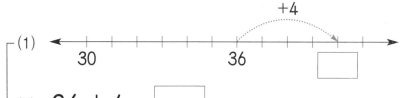

(2) $36 + 4 =$ ☐

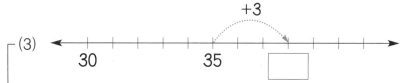

(4) $35 + 3 =$ ☐

(6) $37 + 3 =$ ☐

(8) $48 + 2 =$ ☐

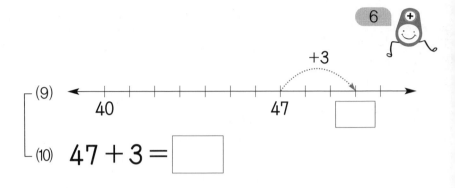

(9)

(10) $47 + 3 =$

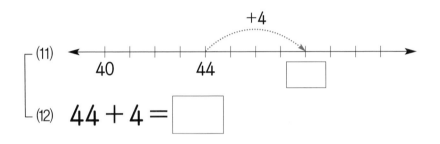

(11)

(12) $44 + 4 =$

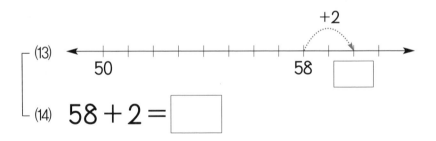

(13)

(14) $58 + 2 =$

(15)

(16) $51 + 9 =$

● □ 안에 알맞은 수를 쓰세요.

(1)
(2) $67 + 3 =$ □

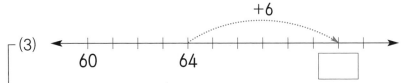

(3)
(4) $64 + 6 =$ □

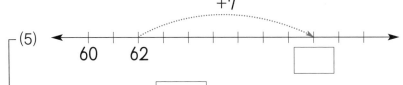

(5)
(6) $62 + 7 =$ □

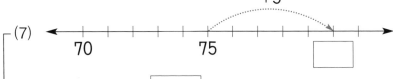

(7)
(8) $75 + 5 =$ □

(9)

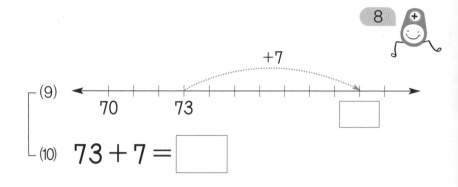

(10) $73 + 7 = \boxed{\phantom{00}}$

(11)

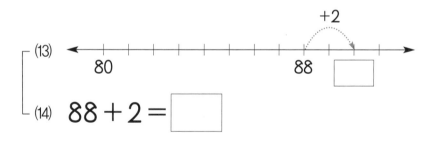

(12) $71 + 6 = \boxed{\phantom{00}}$

(13)

+2

80          88

(14) $88 + 2 = \boxed{\phantom{00}}$

(15)

+4

80          86

(16) $86 + 4 = \boxed{\phantom{00}}$

● □ 안에 알맞은 수를 쓰세요.

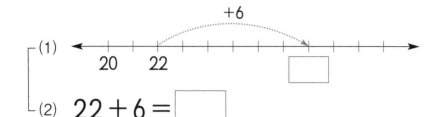

(1)

(2) $22 + 6 = $ 

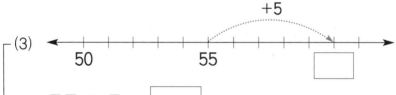

(3)

(4) $55 + 5 = $ 

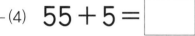

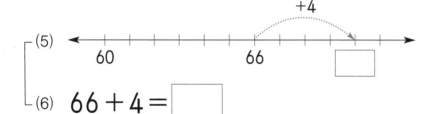

(5)

(6) $66 + 4 = $ 

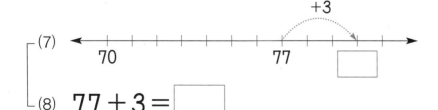

(7)

(8) $77 + 3 = $

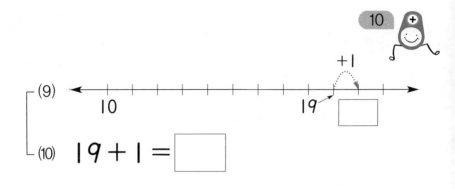

(9)

10    19    +1

(10) $19 + 1 = \boxed{\phantom{00}}$

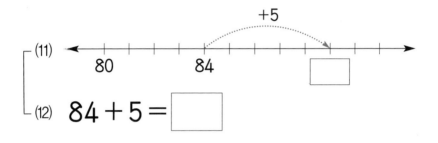

(11)

80    84    +5

(12) $84 + 5 = \boxed{\phantom{00}}$

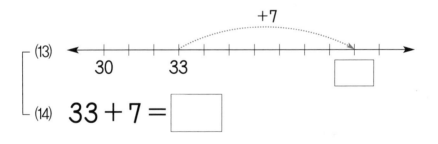

(13)

30    33    +7

(14) $33 + 7 = \boxed{\phantom{00}}$

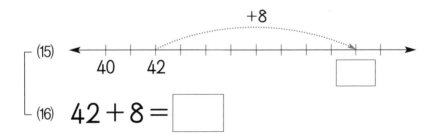

(15)

40    42    +8

(16) $42 + 8 = \boxed{\phantom{00}}$

**MC02** 몇십 만들기

● 식에 맞게 수직선에 나타내고 □ 안에 알맞은 수를 쓰세요.

(1) $17 + 3 = \boxed{20}$

(2)
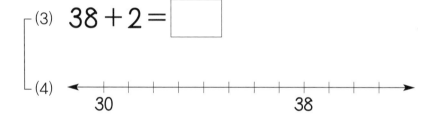

(3) $38 + 2 = \boxed{\phantom{00}}$

(4)
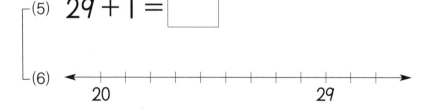

(5) $29 + 1 = \boxed{\phantom{00}}$

(6)

(7) $44 + 6 = \boxed{\phantom{00}}$

(8)
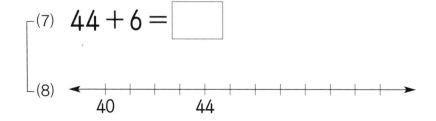

(9) $16 + 4 =$ ☐

(10)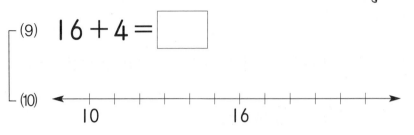

10　　　　　　16

(11) $33 + 7 =$ ☐

(12)

30　　　33

(13) $42 + 3 =$ ☐

(14)

40　　42

(15) $25 + 5 =$ ☐

(16)

20　　　　25

몇십 만들기

● 식에 맞게 수직선에 나타내고 ☐ 안에 알맞은 수를 쓰세요.

(1) $24 + 6 =$ ☐

(2)

```
+6
```

20          24                    30

(3) $36 + 4 =$ ☐

(4)

30                    36

(5) $42 + 8 =$ ☐

(6)

40      42

(7) $41 + 9 =$ ☐

(8)

40 41

(9) $57 + 3 = \boxed{\phantom{00}}$

(10) 
```
  ←——+——+——+——+——+——+——+——+——+——+——→
    50                  57
```

(11) $65 + 5 = \boxed{\phantom{00}}$

(12) 
```
  ←——+——+——+——+——+——+——+——+——+——+——→
    60          65
```

(13) $77 + 3 = \boxed{\phantom{00}}$

(14) 
```
  ←——+——+——+——+——+——+——+——+——+——+——→
    70                  77
```

(15) $86 + 4 = \boxed{\phantom{00}}$

(16) 
```
  ←——+——+——+——+——+——+——+——+——+——+——→
    80                  86
```

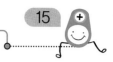
● 식에 맞게 수직선에 나타내고 ☐ 안에 알맞은 수를 쓰세요.

(1) $55 + 5 = $ ☐

(2)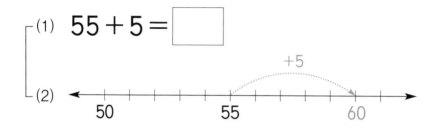

(3) $64 + 6 = $ ☐

(4)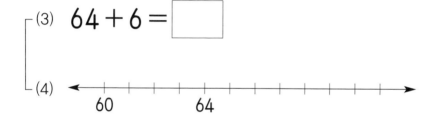

(5) $71 + 9 = $ ☐

(6)
70 71

(7) $82 + 8 = $ ☐

(8)
80  82

(9) $58 + 2 =$ ⬚

(10)

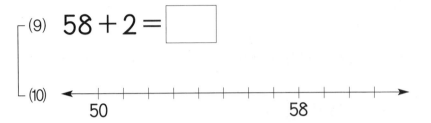

50　　　　　　　58

(11) $76 + 2 =$ ⬚

(12)

70　　　　76

(13) $67 + 3 =$ ⬚

(14)

60　　　　　　67

(15) $85 + 5 =$ ⬚

(16)

80　　　85

● 덧셈을 하세요.

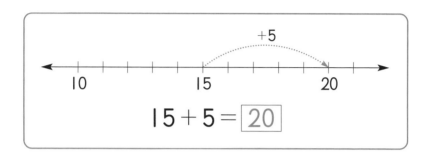

$$15 + 5 = \boxed{20}$$

(1) $18 + 2 =$

(2) $17 + 3 =$

(3) $24 + 6 =$

(4) $28 + 2 =$

(5) $3 + 17 =$

(6) $2 + 28 =$

(7) $35 + 5 =$

(8) $36 + 4 =$

(9) $43 + 7 =$

(10) $42 + 5 =$

(11) $31 + 9 =$

(12) $38 + 2 =$

(13) $44 + 6 =$

(14) $2 + 38 =$

(15) $49 + 1 =$

(16) $1 + 49 =$

**MC02** 몇십 만들기

● 덧셈을 하세요.

(1) $15 + 5 =$

(2) $23 + 7 =$

(3) $47 + 3 =$

(4) $16 + 2 =$

(5) $46 + 4 =$

(6) $29 + 1 =$

(7) $2 + 18 =$

(8) $6 + 24 =$

(9) $8 + 32 =$

(10)　33 + 7 =

(11)　22 + 8 =

(12)　35 + 2 =

(13)　45 + 5 =

(14)　39 + 1 =

(15)　17 + 3 =

(16)　2 + 38 =

(17)　3 + 47 =

(18)　6 + 24 =

(19)　8 + 42 =

**MC02** 몇십 만들기

● 덧셈을 하세요.

(1) 56 + 4 =

(2) 57 + 3 =

(3) 65 + 5 =

(4) 61 + 9 =

(5) 62 + 8 =

(6) 54 + 5 =

(7) 1 + 59 =

(8) 6 + 64 =

(9) 2 + 58 =

(10) $77 + 3 =$

(11) $89 + 1 =$

(12) $74 + 6 =$

(13) $72 + 8 =$

(14) $85 + 5 =$

(15) $86 + 2 =$

(16) $71 + 9 =$

(17) $2 + 78 =$

(18) $7 + 83 =$

(19) $4 + 86 =$

**MC02** 몇십 만들기

● 덧셈을 하세요.

(1) $25 + 5 =$

(2) $46 + 4 =$

(3) $53 + 7 =$

(4) $30 + 9 =$

(5) $12 + 8 =$

(6) $37 + 3 =$

(7) $8 + 12 =$

(8) $5 + 53 =$

(9) $2 + 48 =$

(10)  58 + 2 =

(11)  86 + 4 =

(12)  63 + 7 =

(13)  71 + 9 =

(14)  75 + 4 =

(15)  69 + 1 =

(16)  75 + 5 =

(17)  1 + 59 =

(18)  2 + 68 =

(19)  6 + 84 =

25

● 덧셈을 하세요.

(1) 29 + 1 =

(2) 27 + 3 =

(3) 33 + 7 =

(4) 31 + 9 =

(5) 43 + 5 =

(6) 48 + 2 =

(7) 2 + 28 =

(8) 3 + 33 =

(9) 6 + 34 =

(10)  52 + 8 =

(11)  63 + 7 =

(12)  55 + 5 =

(13)  41 + 9 =

(14)  49 + 1 =

(15)  42 + 7 =

(16)  62 + 5 =

(17)  2 + 58 =

(18)  6 + 34 =

(19)  5 + 65 =

## MC02 몇십 만들기

● 덧셈을 하세요.

(1) $53 + 7 =$

(2) $54 + 6 =$

(3) $61 + 9 =$

(4) $72 + 6 =$

(5) $33 + 7 =$

(6) $78 + 2 =$

(7) $5 + 15 =$

(8) $7 + 63 =$

(9) $2 + 66 =$

(10)  37 + 3 =

(11)  15 + 5 =

(12)  41 + 9 =

(13)  44 + 3 =

(14)  53 + 7 =

(15)  58 + 2 =

(16)  66 + 4 =

(17)  2 + 58 =

(18)  1 + 79 =

(19)  5 + 65 =

**MC02** 몇십 만들기

● 덧셈을 하세요.

(1) $72 + 8 =$

(2) $81 + 9 =$

(3) $91 + 4 =$

(4) $45 + 5 =$

(5) $74 + 6 =$

(6) $83 + 7 =$

(7) $7 + 83 =$

(8) $4 + 66 =$

(9) $2 + 47 =$

(10)  $81 + 9 =$

(11)  $90 + 5 =$

(12)  $22 + 8 =$

(13)  $33 + 7 =$

(14)  $55 + 5 =$

(15)  $63 + 7 =$

(16)  $88 + 2 =$

(17)  $2 + 88 =$

(18)  $3 + 77 =$

(19)  $2 + 55 =$

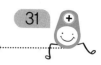

**MC02** 몇십 만들기

● |보기|와 같이 틀린 답을 바르게 고치세요.

┤ 보기 ├

$$26 + 4 = \boxed{\cancel{31}}$$
$$30$$

(1) $15 + 5 = \boxed{21}$

(2) $37 + 3 = \boxed{67}$

(3) $59 + 1 = \boxed{50}$

(4) $25 + 4 = \boxed{30}$

(5) $68 + 2 = \boxed{88}$

(6) $71 + 9 = \boxed{90}$

Talk 몇십 만들기와 관련된 오류는 더하는 수를 십의 자리로 잘못 생각하는 경우(예 $35+3=65_{3}0$), 받아올림을 정확하게 하지 않는 경우(예 $27+3=29_{3}0$)입니다.

(7) $44 + 6 = \boxed{60}$

(8) $92 + 3 = \boxed{96}$

(9) $83 + 7 = \boxed{91}$

(10) $35 + 5 = \boxed{85}$

(11) $52 + 8 = \boxed{61}$

(12) $26 + 4 = \boxed{40}$

(13) $15 + 3 = \boxed{20}$

(14) $61 + 9 = \boxed{69}$

**MC02** 몇십 만들기

● □ 안에 알맞은 수를 쓰세요.

(1) $6 + 4 = \boxed{\phantom{00}}$

(2) $9 + 1 = \boxed{\phantom{00}}$

(3) $3 + 7 = \boxed{\phantom{00}}$

(4) $6 + \boxed{\phantom{00}} = 10$

(5) $9 + \boxed{\phantom{00}} = 10$

(6) $3 + \boxed{\phantom{00}} = 10$

(7) $8 + \boxed{\phantom{00}} = 10$

(8) $11 + 5 = \boxed{\phantom{00}}$

(9) $14 + 1 = \boxed{\phantom{00}}$

(10) $16 + 4 = \boxed{\phantom{00}}$

(11) $12 + 8 = \boxed{\phantom{00}}$

(12) $11 + \boxed{\phantom{0}} = 16$

(13) $14 + \boxed{\phantom{0}} = 15$

(14) $16 + \boxed{\phantom{0}} = 20$

(15) $12 + \boxed{\phantom{0}} = 20$

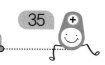

**MC02** 몇십 만들기

● ☐ 안에 알맞은 수를 쓰세요.

(1) $23 + 7 = $ ☐

(2) $28 + 2 = $ ☐

(3) $35 + 5 = $ ☐

(4) $23 + $ ☐ $= 30$

(5) $28 + $ ☐ $= 30$

(6) $35 + $ ☐ $= 40$

(7) $37 + $ ☐ $= 40$

(8)  $47 + 3 = \boxed{\phantom{00}}$

(9)  $45 + 5 = \boxed{\phantom{00}}$

(10)  $56 + 4 = \boxed{\phantom{00}}$

(11)  $64 + 6 = \boxed{\phantom{00}}$

(12)  $47 + \boxed{\phantom{0}} = 50$

(13)  $45 + \boxed{\phantom{0}} = 50$

(14)  $56 + \boxed{\phantom{0}} = 60$

(15)  $64 + \boxed{\phantom{0}} = 70$

**MC02** 몇십 만들기

● □ 안에 알맞은 수를 쓰세요.

(1) $72 + 8 = \boxed{\phantom{00}}$

(2) $78 + 2 = \boxed{\phantom{00}}$

(3) $67 + \boxed{\phantom{0}} = 70$

(4) $78 + \boxed{\phantom{0}} = 80$

(5) $83 + \boxed{\phantom{0}} = 90$

(6) $85 + \boxed{\phantom{0}} = 90$

(7) $77 + \boxed{\phantom{0}} = 80$

(8) $65 + 5 = \boxed{\phantom{00}}$

(9) $77 + 3 = \boxed{\phantom{00}}$

(10) $65 + \boxed{\phantom{0}} = 70$

(11) $82 + \boxed{\phantom{0}} = 90$

(12) $86 + \boxed{\phantom{0}} = 90$

(13) $77 + \boxed{\phantom{0}} = 80$

(14) $74 + \boxed{\phantom{0}} = 80$

(15) $81 + \boxed{\phantom{0}} = 90$

**MC02** 몇십 만들기

● □ 안에 알맞은 수를 쓰세요.

(1) $17 + 3 = \boxed{\phantom{00}}$

(2) $88 + 2 = \boxed{\phantom{00}}$

(3) $33 + \boxed{\phantom{0}} = 40$

(4) $54 + \boxed{\phantom{0}} = 60$

(5) $17 + \boxed{\phantom{0}} = 20$

(6) $26 + \boxed{\phantom{0}} = 30$

(7) $88 + \boxed{\phantom{0}} = 90$

(8)  27 + 3 = ☐

(9)  68 + 2 = ☐

(10)  53 + ☐ = 60

(11)  46 + ☐ = 50

(12)  68 + ☐ = 70

(13)  27 + ☐ = 30

(14)  77 + ☐ = 80

(15)  88 + ☐ = 90

# 받아올림이 있는
# (두 자리 수)+(한 자리 수) (1)

3주차

| 요일 | 교재 번호 | 학습한 날짜 | | 확인 |
|---|---|---|---|---|
| 1일차(월) | 01~08 | 월 | 일 | |
| 2일차(화) | 09~16 | 월 | 일 | |
| 3일차(수) | 17~24 | 월 | 일 | |
| 4일차(목) | 25~32 | 월 | 일 | |
| 5일차(금) | 33~40 | 월 | 일 | |

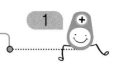

● ☐ 안에 알맞은 수를 쓰세요.

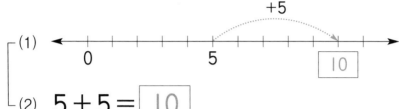

(1) +5

0    5    10

(2) $5 + 5 = \boxed{10}$

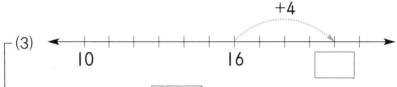

(3) +4

10    16    ☐

(4) $16 + 4 = \boxed{\phantom{00}}$

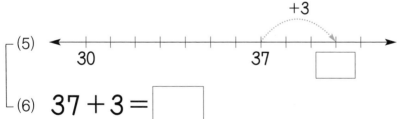

(5) +3

30    37    ☐

(6) $37 + 3 = \boxed{\phantom{00}}$

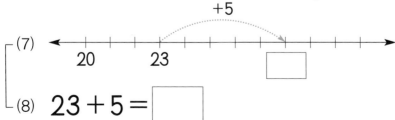

(7) +5

20    23    ☐

(8) $23 + 5 = \boxed{\phantom{00}}$

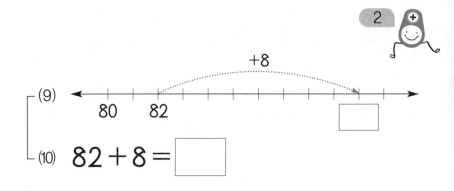

(9)

(10) $82 + 8 = \boxed{\phantom{00}}$

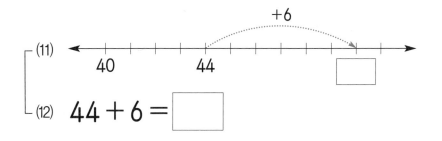

(11)

(12) $44 + 6 = \boxed{\phantom{00}}$

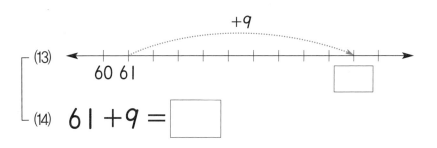

(13)

(14) $61 + 9 = \boxed{\phantom{00}}$

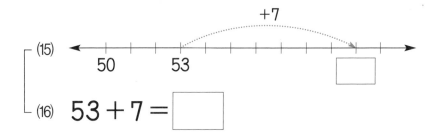

(15)

(16) $53 + 7 = \boxed{\phantom{00}}$

**MC03** 받아올림이 있는 (두 자리 수)+(한 자리 수) (1)

● ☐ 안에 알맞은 수를 쓰세요.

(1)

+5

17  20  22

(2) 17 + 5 = 22

(3)

+6

16  20  ☐

(4) 16 + 6 = ☐

(5)

+6

18  20  ☐

(6) 18 + 6 = ☐

(7)

+4

19 20  ☐

(8) 19 + 4 = ☐

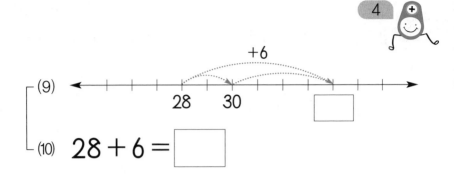

(9)

(10) $28 + 6 = \boxed{\phantom{00}}$

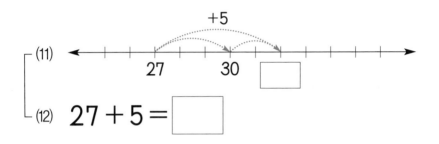

(11)

(12) $27 + 5 = \boxed{\phantom{00}}$

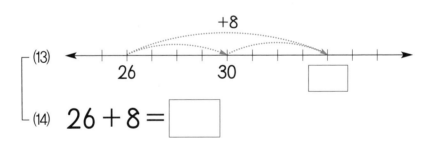

(13)

(14) $26 + 8 = \boxed{\phantom{00}}$

(15)

(16) $28 + 3 = \boxed{\phantom{00}}$

**MC03** 받아올림이 있는 (두 자리 수)+(한 자리 수) (1)

● □ 안에 알맞은 수를 쓰세요.

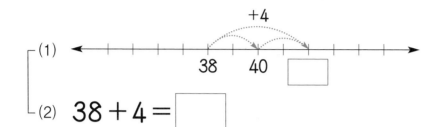

(1)

(2) $38 + 4 =$ ☐

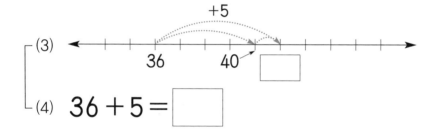

(3)

(4) $36 + 5 =$ ☐

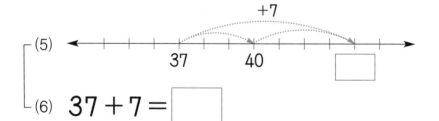

(5)

(6) $37 + 7 =$ ☐

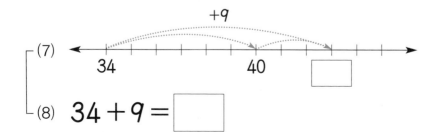

(7)

(8) $34 + 9 =$ ☐

(9)

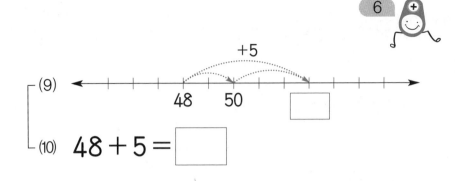

(10) $48 + 5 = \boxed{\phantom{00}}$

(11)

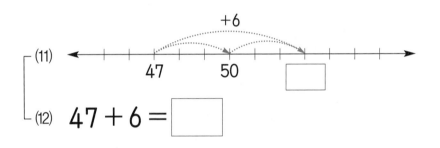

(12) $47 + 6 = \boxed{\phantom{00}}$

(13)

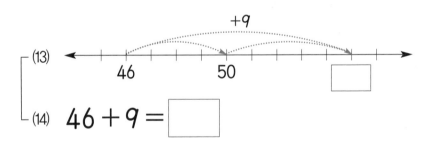

(14) $46 + 9 = \boxed{\phantom{00}}$

(15)

(16) $45 + 6 = \boxed{\phantom{00}}$

**MC03** 받아올림이 있는 (두 자리 수)+(한 자리 수) (1)

● □ 안에 알맞은 수를 쓰세요.

(1)
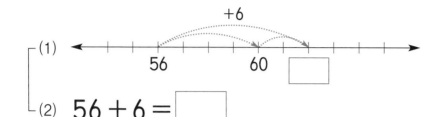

(2) $56 + 6 =$ ☐

(3)
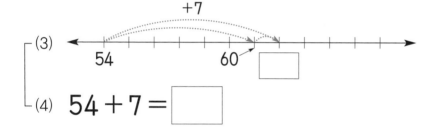

(4) $54 + 7 =$ ☐

(5)
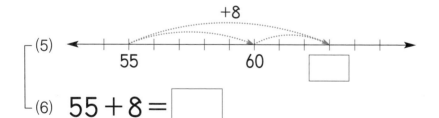

(6) $55 + 8 =$ ☐

(7)
+6

58  60  ☐

(8) $58 + 6 =$ ☐

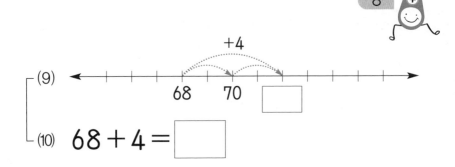

(9)

(10) $68 + 4 = \boxed{\phantom{00}}$

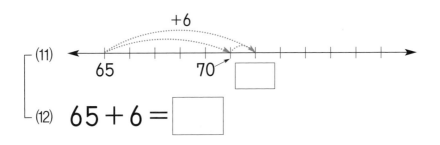

(11)

(12) $65 + 6 = \boxed{\phantom{00}}$

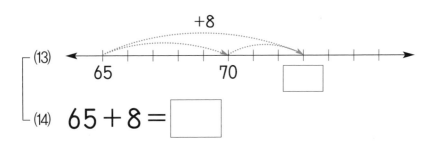

(13)

(14) $65 + 8 = \boxed{\phantom{00}}$

(15)

(16) $67 + 9 = \boxed{\phantom{00}}$

**MC03** 받아올림이 있는 (두 자리 수)+(한 자리 수) (1)

● ☐ 안에 알맞은 수를 쓰세요.

(1)

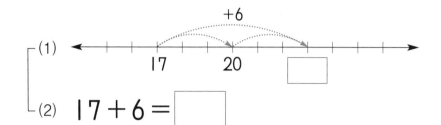

+6

17 　 20 　 ☐

(2) $17 + 6 = $ ☐

(3)

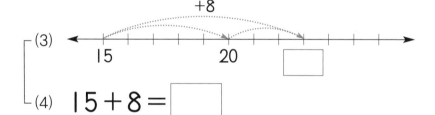

+8

15 　 20 　 ☐

(4) $15 + 8 = $ ☐

(5)

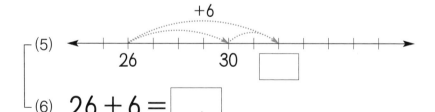

+6

26 　 30 　 ☐

(6) $26 + 6 = $ ☐

(7)

+4

29 30 　 ☐

(8) $29 + 4 = $ ☐

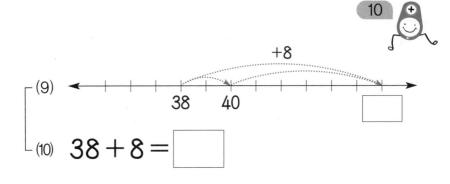

(9)

(10) $38 + 8 = \boxed{\phantom{00}}$

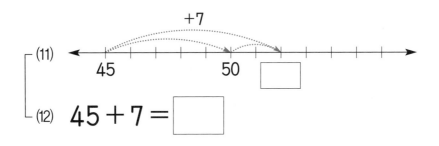

(11)

(12) $45 + 7 = \boxed{\phantom{00}}$

(13)

(14) $57 + 4 = \boxed{\phantom{00}}$

(15)

(16) $66 + 9 = \boxed{\phantom{00}}$

● □ 안에 알맞은 수를 쓰세요.

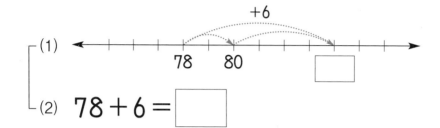

(2) $78 + 6 =$ ▢

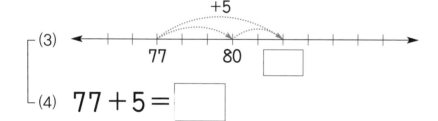

(4) $77 + 5 =$ ▢

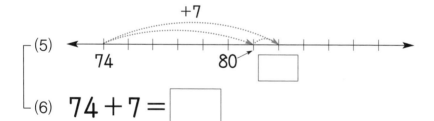

(6) $74 + 7 =$ ▢

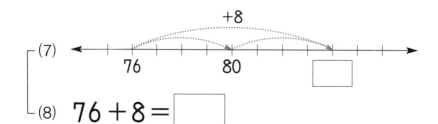

(8) $76 + 8 =$ ▢

(9)

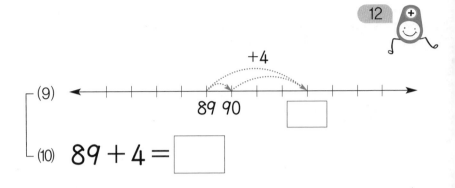

(10) $89 + 4 =$ ☐

(11)

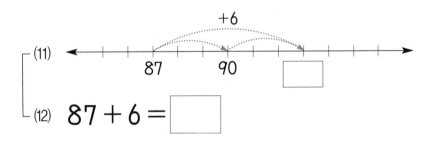

(12) $87 + 6 =$ ☐

(13)

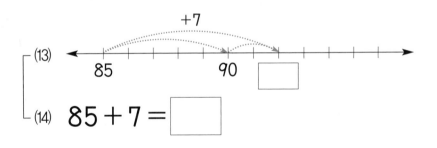

(14) $85 + 7 =$ ☐

(15)

(16) $86 + 7 =$ ☐

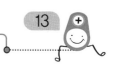

**MC03** 받아올림이 있는 (두 자리 수)+(한 자리 수) (1)

● ☐ 안에 알맞은 수를 쓰세요.

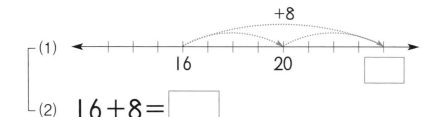

(1)

(2) $16+8=$ ☐

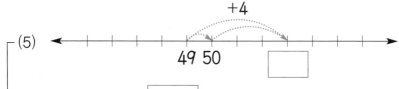

(3)

(4) $38+5=$ ☐

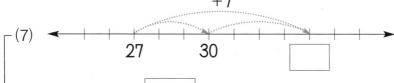

(5)

(6) $49+4=$ ☐

(7)

(8) $27+7=$ ☐

(9)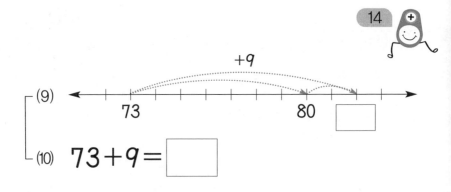

(10) $73+9=$ ⬚

(11)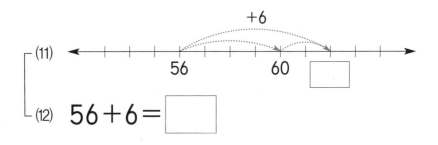

(12) $56+6=$ ⬚

(13)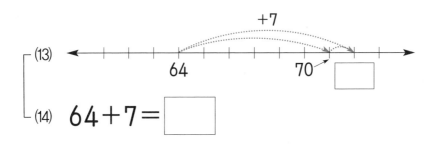

(14) $64+7=$ ⬚

(15)

(16) $88+8=$ ⬚

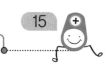

15

● ☐ 안에 알맞은 수를 쓰세요.

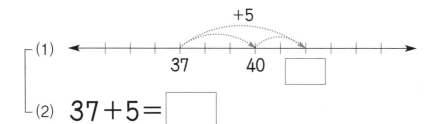

(1)

(2) $37+5=$ ☐

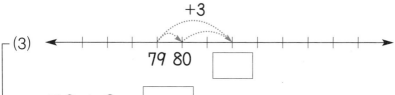

(3)

(4) $79+3=$ ☐

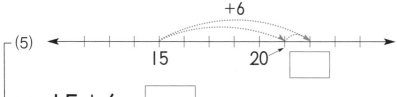

(5)

(6) $15+6=$ ☐

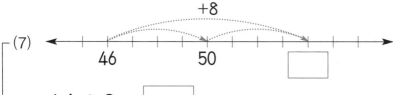

(7)

(8) $46+8=$ ☐

(9)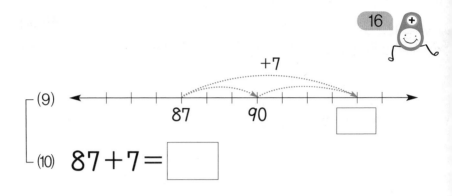

(10) $87+7=$ 

(11)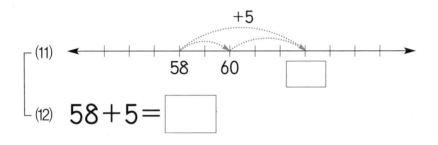

(12) $58+5=$ 

(13)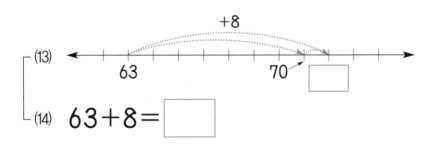

(14) $63+8=$ 

(15)

(16) $26+6=$

MC03 받아올림이 있는 (두 자리 수)+(한 자리 수) (1)

● ☐ 안에 알맞은 수를 쓰세요.

(1) $6+5$

$6+4+1$

$10+\boxed{1}=\boxed{11}$

(4) $8+5$

$8+2+\boxed{\phantom{0}}$

$10+\boxed{\phantom{0}}=\boxed{\phantom{0}}$

(2) $6+6$

$6+4+2$

$10+\boxed{2}=\boxed{12}$

(5) $9+7$

$9+1+\boxed{\phantom{0}}$

$10+\boxed{\phantom{0}}=\boxed{\phantom{0}}$

(3) $9+2$

$9+1+\boxed{\phantom{0}}$

$10+\boxed{\phantom{0}}=\boxed{\phantom{0}}$

(6) $8+4$

$8+2+\boxed{\phantom{0}}$

$10+\boxed{\phantom{0}}=\boxed{\phantom{0}}$

(7) 7+5

7+3+☐

10+☐ = ☐

(10) 9+5

9+1+☐

10+☐ = ☐

(8) 8+6

8+2+☐

10+☐ = ☐

(11) 9+6

9+1+☐

10+☐ = ☐

(9) 8+3

8+2+☐

10+☐ = ☐

(12) 7+6

7+3+☐

10+☐ = ☐

**MC03** 받아올림이 있는 (두 자리 수) + (한 자리 수) (1)

● □ 안에 알맞은 수를 쓰세요.

(1) $18+3$

    $18+2+1$

    $20+1=\boxed{\phantom{00}}$

(4) $27+4$

    $27+3+\boxed{\phantom{0}}$

    $30+\boxed{\phantom{0}}=\boxed{\phantom{00}}$

(2) $18+4$

    $18+2+2$

    $20+\boxed{\phantom{0}}=\boxed{\phantom{00}}$

(5) $24+8$

    $24+6+\boxed{\phantom{0}}$

    $30+\boxed{\phantom{0}}=\boxed{\phantom{00}}$

(3) $15+6$

    $15+5+\boxed{\phantom{0}}$

    $20+\boxed{\phantom{0}}=\boxed{\phantom{00}}$

(6) $25+7$

    $25+5+\boxed{\phantom{0}}$

    $30+\boxed{\phantom{0}}=\boxed{\phantom{00}}$

(7) $36+7$

$36+4+\boxed{\phantom{0}}$

$40+\boxed{\phantom{0}}=\boxed{\phantom{0}}$

(10) $47+4$

$47+3+\boxed{\phantom{0}}$

$50+\boxed{\phantom{0}}=\boxed{\phantom{0}}$

(8) $35+9$

$35+5+\boxed{\phantom{0}}$

$40+\boxed{\phantom{0}}=\boxed{\phantom{0}}$

(11) $45+6$

$45+5+\boxed{\phantom{0}}$

$50+\boxed{\phantom{0}}=\boxed{\phantom{0}}$

(9) $38+5$

$38+2+\boxed{\phantom{0}}$

$40+\boxed{\phantom{0}}=\boxed{\phantom{0}}$

(12) $49+3$

$49+1+\boxed{\phantom{0}}$

$50+\boxed{\phantom{0}}=\boxed{\phantom{0}}$

**MC03** 받아올림이 있는 (두 자리 수)+(한 자리 수) (1)

● ☐ 안에 알맞은 수를 쓰세요.

(1) $55+7$

$55+5+\boxed{\phantom{0}}$

$60+\boxed{\phantom{0}}=\boxed{\phantom{0}}$

(4) $69+4$

$69+1+\boxed{\phantom{0}}$

$70+\boxed{\phantom{0}}=\boxed{\phantom{0}}$

(2) $53+9$

$53+7+\boxed{\phantom{0}}$

$60+\boxed{\phantom{0}}=\boxed{\phantom{0}}$

(5) $67+8$

$67+3+\boxed{\phantom{0}}$

$70+\boxed{\phantom{0}}=\boxed{\phantom{0}}$

(3) $57+6$

$57+3+\boxed{\phantom{0}}$

$60+\boxed{\phantom{0}}=\boxed{\phantom{0}}$

(6) $66+5$

$66+4+\boxed{\phantom{0}}$

$70+\boxed{\phantom{0}}=\boxed{\phantom{0}}$

(7) $72+9$

$72+8+\boxed{\phantom{0}}$

$80+\boxed{\phantom{0}}=\boxed{\phantom{0}}$

(10) $87+6$

$87+3+\boxed{\phantom{0}}$

$90+\boxed{\phantom{0}}=\boxed{\phantom{0}}$

(8) $76+8$

$76+4+\boxed{\phantom{0}}$

$80+\boxed{\phantom{0}}=\boxed{\phantom{0}}$

(11) $85+7$

$85+5+\boxed{\phantom{0}}$

$90+\boxed{\phantom{0}}=\boxed{\phantom{0}}$

(9) $79+5$

$79+1+\boxed{\phantom{0}}$

$80+\boxed{\phantom{0}}=\boxed{\phantom{0}}$

(12) $88+4$

$88+2+\boxed{\phantom{0}}$

$90+\boxed{\phantom{0}}=\boxed{\phantom{0}}$

**MC03** 받아올림이 있는 (두 자리 수)+(한 자리 수) (1)

● □ 안에 알맞은 수를 쓰세요.

(1) $15+9$

$15+5+\boxed{\phantom{0}}$

$20+\boxed{\phantom{0}}=\boxed{\phantom{0}}$

(4) $28+5$

$28+2+\boxed{\phantom{0}}$

$30+\boxed{\phantom{0}}=\boxed{\phantom{0}}$

(2) $36+7$

$36+4+\boxed{\phantom{0}}$

$40+\boxed{\phantom{0}}=\boxed{\phantom{0}}$

(5) $46+6$

$46+4+\boxed{\phantom{0}}$

$50+\boxed{\phantom{0}}=\boxed{\phantom{0}}$

(3) $54+8$

$54+6+\boxed{\phantom{0}}$

$60+\boxed{\phantom{0}}=\boxed{\phantom{0}}$

(6) $69+2$

$69+1+\boxed{\phantom{0}}$

$70+\boxed{\phantom{0}}=\boxed{\phantom{0}}$

(7) $74+8$

$74+6+\boxed{\phantom{0}}$

$80+\boxed{\phantom{0}}=\boxed{\phantom{0}}$

(10) $45+8$

$45+5+\boxed{\phantom{0}}$

$50+\boxed{\phantom{0}}=\boxed{\phantom{0}}$

(8) $86+7$

$86+4+\boxed{\phantom{0}}$

$90+\boxed{\phantom{0}}=\boxed{\phantom{0}}$

(11) $57+4$

$57+3+\boxed{\phantom{0}}$

$60+\boxed{\phantom{0}}=\boxed{\phantom{0}}$

(9) $35+6$

$35+5+\boxed{\phantom{0}}$

$40+\boxed{\phantom{0}}=\boxed{\phantom{0}}$

(12) $69+3$

$69+1+\boxed{\phantom{0}}$

$70+\boxed{\phantom{0}}=\boxed{\phantom{0}}$

**MC03** 받아올림이 있는 (두 자리 수)+(한 자리 수) (1)

● ☐ 안에 알맞은 수를 쓰세요.

(1) $18+6$

$18+\boxed{2}+4$

$\boxed{20}+4=\boxed{24}$

(4) $12+9$

$12+\boxed{\phantom{0}}+1$

$\boxed{\phantom{0}}+1=\boxed{\phantom{0}}$

(2) $14+7$

$14+\boxed{6}+1$

$\boxed{20}+1=\boxed{21}$

(5) $13+8$

$13+\boxed{\phantom{0}}+1$

$\boxed{\phantom{0}}+1=\boxed{\phantom{0}}$

(3) $15+8$

$15+\boxed{\phantom{0}}+3$

$\boxed{\phantom{0}}+3=\boxed{\phantom{0}}$

(6) $16+7$

$16+\boxed{\phantom{0}}+3$

$\boxed{\phantom{0}}+3=\boxed{\phantom{0}}$

(7) $12+9$

$12+\boxed{\phantom{0}}+1$

$\boxed{\phantom{00}}+1=\boxed{\phantom{00}}$

(10) $15+7$

$15+\boxed{\phantom{0}}+2$

$\boxed{\phantom{00}}+2=\boxed{\phantom{00}}$

(8) $14+8$

$14+\boxed{\phantom{0}}+2$

$\boxed{\phantom{00}}+2=\boxed{\phantom{00}}$

(11) $15+9$

$15+\boxed{\phantom{0}}+4$

$\boxed{\phantom{00}}+4=\boxed{\phantom{00}}$

(9) $14+9$

$14+\boxed{\phantom{0}}+3$

$\boxed{\phantom{00}}+3=\boxed{\phantom{00}}$

(12) $16+8$

$16+\boxed{\phantom{0}}+4$

$\boxed{\phantom{00}}+4=\boxed{\phantom{00}}$

**MC03** 받아올림이 있는 (두 자리 수)+(한 자리 수) (1)

● ☐ 안에 알맞은 수를 쓰세요.

(1) $17+6$

$17+\boxed{\phantom{0}}+3$

$\boxed{\phantom{00}}+3=\boxed{\phantom{00}}$

(4) $24+7$

$24+\boxed{\phantom{0}}+1$

$\boxed{\phantom{00}}+1=\boxed{\phantom{00}}$

(2) $17+8$

$17+\boxed{\phantom{0}}+5$

$\boxed{\phantom{00}}+5=\boxed{\phantom{00}}$

(5) $26+6$

$26+\boxed{\phantom{0}}+2$

$\boxed{\phantom{00}}+2=\boxed{\phantom{00}}$

(3) $18+5$

$18+\boxed{\phantom{0}}+3$

$\boxed{\phantom{00}}+3=\boxed{\phantom{00}}$

(6) $25+8$

$25+\boxed{\phantom{0}}+3$

$\boxed{\phantom{00}}+3=\boxed{\phantom{00}}$

(7) $32+9$

$32+\boxed{\phantom{0}}+1$

$\boxed{\phantom{0}}+1=\boxed{\phantom{0}}$

(10) $48+6$

$48+\boxed{\phantom{0}}+4$

$\boxed{\phantom{0}}+4=\boxed{\phantom{0}}$

(8) $34+8$

$34+\boxed{\phantom{0}}+2$

$\boxed{\phantom{0}}+2=\boxed{\phantom{0}}$

(11) $49+7$

$49+\boxed{\phantom{0}}+6$

$\boxed{\phantom{0}}+6=\boxed{\phantom{0}}$

(9) $36+7$

$36+\boxed{\phantom{0}}+3$

$\boxed{\phantom{0}}+3=\boxed{\phantom{0}}$

(12) $45+8$

$45+\boxed{\phantom{0}}+3$

$\boxed{\phantom{0}}+3=\boxed{\phantom{0}}$

**MC03** 받아올림이 있는 (두 자리 수)+(한 자리 수) (1)

● ☐ 안에 알맞은 수를 쓰세요.

(1) $53+8$

$53+\boxed{\phantom{0}}+1$

$\boxed{\phantom{0}}+1=\boxed{\phantom{0}}$

(4) $64+7$

$64+\boxed{\phantom{0}}+1$

$\boxed{\phantom{0}}+1=\boxed{\phantom{0}}$

(2) $56+5$

$56+\boxed{\phantom{0}}+1$

$\boxed{\phantom{0}}+1=\boxed{\phantom{0}}$

(5) $67+6$

$67+\boxed{\phantom{0}}+3$

$\boxed{\phantom{0}}+3=\boxed{\phantom{0}}$

(3) $59+4$

$59+\boxed{\phantom{0}}+3$

$\boxed{\phantom{0}}+3=\boxed{\phantom{0}}$

(6) $66+9$

$66+\boxed{\phantom{0}}+5$

$\boxed{\phantom{0}}+5=\boxed{\phantom{0}}$

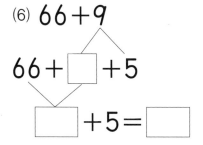

(7) $75+7$

$75+\boxed{\phantom{0}}+2$

$\boxed{\phantom{0}}+2=\boxed{\phantom{0}}$

(10) $84+8$

$84+\boxed{\phantom{0}}+2$

$\boxed{\phantom{0}}+2=\boxed{\phantom{0}}$

(8) $72+9$

$72+\boxed{\phantom{0}}+1$

$\boxed{\phantom{0}}+1=\boxed{\phantom{0}}$

(11) $89+6$

$89+\boxed{\phantom{0}}+5$

$\boxed{\phantom{0}}+5=\boxed{\phantom{0}}$

(9) $78+7$

$78+\boxed{\phantom{0}}+5$

$\boxed{\phantom{0}}+5=\boxed{\phantom{0}}$

(12) $86+5$

$86+\boxed{\phantom{0}}+1$

$\boxed{\phantom{0}}+1=\boxed{\phantom{0}}$

● ☐ 안에 알맞은 수를 쓰세요.

(1) $15+9$

$15+5+\boxed{\phantom{0}}$

$20+\boxed{\phantom{0}}=\boxed{\phantom{00}}$

(4) $28+5$

$28+2+\boxed{\phantom{0}}$

$30+\boxed{\phantom{0}}=\boxed{\phantom{00}}$

(2) $36+7$

$36+4+\boxed{\phantom{0}}$

$40+\boxed{\phantom{0}}=\boxed{\phantom{00}}$

(5) $46+6$

$46+4+\boxed{\phantom{0}}$

$50+\boxed{\phantom{0}}=\boxed{\phantom{00}}$

(3) $54+8$

$54+6+\boxed{\phantom{0}}$

$60+\boxed{\phantom{0}}=\boxed{\phantom{00}}$

(6) $69+2$

$69+1+\boxed{\phantom{0}}$

$70+\boxed{\phantom{0}}=\boxed{\phantom{00}}$

(7) $78+8$

$78+\boxed{\phantom{0}}+6$

$\boxed{\phantom{00}}+6=\boxed{\phantom{00}}$

(10) $49+2$

$49+\boxed{\phantom{0}}+1$

$\boxed{\phantom{00}}+1=\boxed{\phantom{00}}$

(8) $83+8$

$83+\boxed{\phantom{0}}+1$

$\boxed{\phantom{00}}+1=\boxed{\phantom{00}}$

(11) $57+5$

$57+\boxed{\phantom{0}}+2$

$\boxed{\phantom{00}}+2=\boxed{\phantom{00}}$

(9) $35+7$

$35+\boxed{\phantom{0}}+2$

$\boxed{\phantom{00}}+2=\boxed{\phantom{00}}$

(12) $65+6$

$65+\boxed{\phantom{0}}+1$

$\boxed{\phantom{00}}+1=\boxed{\phantom{00}}$

**MC03** 받아올림이 있는 (두 자리 수)+(한 자리 수) (1)

● 덧셈을 하세요.

(1) $2 + 8 =$

(2) $7 + 3 =$

(3) $6 + 4 =$

(4) $5 + 5 =$

(5) $8 + 5 =$

(6) $2 + 9 =$

(7) $6 + 7 =$

(8) $8 + 4 =$

(9) $7 + 5 =$

(10) $13 + 7 =$

(11) $29 + 1 =$

(12) $16 + 4 =$

(13) $25 + 3 =$

(14) $38 + 2 =$

(15) $42 + 7 =$

(16) $34 + 6 =$

(17) $48 + 2 =$

(18) $1 + 29 =$

(19) $6 + 34 =$

**MC03** 받아올림이 있는 (두 자리 수)+(한 자리 수) (1)

● 덧셈을 하세요.

(1) $17 + 4 =$

(2) $17 + 5 =$

(3) $19 + 6 =$

(4) $18 + 4 =$

(5) $17 + 3 =$

(6) $25 + 8 =$

(7) $27 + 4 =$

(8) $27 + 6 =$

(9) $29 + 2 =$

(10) $14 + 7 =$

(11) $28 + 8 =$

(12) $19 + 3 =$

(13) $29 + 7 =$

(14) $13 + 8 =$

(15) $27 + 7 =$

(16) $19 + 6 =$

(17) $23 + 9 =$

(18) $7 + 14 =$

(19) $8 + 28 =$

**MC03** 받아올림이 있는 (두 자리 수)+(한 자리 수) (1)

● 덧셈을 하세요.

(1) $36 + 8 =$

(2) $39 + 3 =$

(3) $37 + 5 =$

(4) $34 + 9 =$

(5) $38 + 6 =$

(6) $47 + 7 =$

(7) $49 + 2 =$

(8) $45 + 8 =$

(9) $48 + 4 =$

(10)  46 + 8 =

(11)  39 + 2 =

(12)  49 + 5 =

(13)  36 + 6 =

(14)  47 + 9 =

(15)  38 + 3 =

(16)  47 + 4 =

(17)  38 + 8 =

(18)  5 + 49 =

(19)  2 + 39 =

**MC03** 받아올림이 있는 (두 자리 수)+(한 자리 수) (1)

● 덧셈을 하세요.

(1) $18 + 2 =$

(2) $48 + 3 =$

(3) $28 + 4 =$

(4) $38 + 5 =$

(5) $45 + 6 =$

(6) $34 + 8 =$

(7) $22 + 9 =$

(8) $15 + 7 =$

(9) $33 + 9 =$

(10) $47 + 3 =$

(11) $17 + 4 =$

(12) $27 + 5 =$

(13) $36 + 6 =$

(14) $23 + 8 =$

(15) $35 + 7 =$

(16) $44 + 9 =$

(17) $18 + 7 =$

(18) $9 + 32 =$

(19) $8 + 43 =$

# 받아올림이 있는
# (두 자리 수)+(한 자리 수) (2)

4주차

| 요일 | 교재 번호 | 학습한 날짜 | | 확인 |
|------|-----------|-------------|---|------|
| 1일차(월) | 01~08 | 월 | 일 | |
| 2일차(화) | 09~16 | 월 | 일 | |
| 3일차(수) | 17~24 | 월 | 일 | |
| 4일차(목) | 25~32 | 월 | 일 | |
| 5일차(금) | 33~40 | 월 | 일 | |

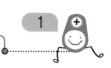

**MC04** 받아올림이 있는 (두 자리 수)+(한 자리 수) (2)

● 덧셈을 하세요.

(1) $11 + 9 =$

(2) $34 + 6 =$

(3) $43 + 7 =$

(4) $62 + 8 =$

(5) $55 + 4 =$

(6) $25 + 5 =$

(7) $88 + 2 =$

(8) $6 + 74 =$

(9) $93 + 4 =$

(10) $17 + 5 =$

(11) $26 + 6 =$

(12) $36 + 8 =$

(13) $33 + 9 =$

(14) $33 + 7 =$

(15) $38 + 3 =$

(16) $29 + 2 =$

(17) $14 + 8 =$

(18) $9 + 23 =$

(19) $18 + 5 =$

● 덧셈을 하세요.

(1) $56 + 5 =$

(2) $59 + 3 =$

(3) $55 + 6 =$

(4) $57 + 6 =$

(5) $53 + 8 =$

(6) $66 + 7 =$

(7) $69 + 3 =$

(8) $68 + 4 =$

(9) $65 + 9 =$

(10) $59 + 4 =$

(11) $68 + 8 =$

(12) $57 + 7 =$

(13) $67 + 4 =$

(14) $58 + 6 =$

(15) $64 + 7 =$

(16) $56 + 8 =$

(17) $69 + 3 =$

(18) $4 + 59 =$

(19) $66 + 7 =$

5

● 덧셈을 하세요.

(1) $76 + 4 =$

(2) $76 + 5 =$

(3) $78 + 6 =$

(4) $75 + 8 =$

(5) $79 + 2 =$

(6) $85 + 8 =$

(7) $86 + 5 =$

(8) $87 + 6 =$

(9) $88 + 3 =$

(10)  $83 + 9 =$

(11)  $87 + 3 =$

(12)  $75 + 6 =$

(13)  $87 + 6 =$

(14)  $77 + 7 =$

(15)  $74 + 8 =$

(16)  $71 + 9 =$

(17)  $85 + 7 =$

(18)  $9 + 83 =$

(19)  $76 + 8 =$

● 덧셈을 하세요.

(1) $65 + 8 =$

(2) $79 + 4 =$

(3) $68 + 6 =$

(4) $87 + 5 =$

(5) $72 + 9 =$

(6) $84 + 7 =$

(7) $59 + 7 =$

(8) $3 + 88 =$

(9) $56 + 5 =$

(10)  86 + 6 =

(11)  57 + 5 =

(12)  66 + 9 =

(13)  78 + 4 =

(14)  56 + 8 =

(15)  73 + 8 =

(16)  59 + 3 =

(17)  6 + 75 =

(18)  9 + 66 =

(19)  85 + 7 =

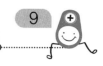

**MC04** 받아올림이 있는 (두 자리 수)+(한 자리 수) (2)

● 덧셈을 하세요.

(1) $15 + 6 =$

(2) $19 + 4 =$

(3) $25 + 7 =$

(4) $24 + 8 =$

(5) $56 + 6 =$

(6) $59 + 5 =$

(7) $78 + 3 =$

(8) $9 + 72 =$

(9) $36 + 5 =$

(10)  38 + 3 =

(11)  47 + 5 =

(12)  49 + 6 =

(13)  87 + 5 =

(14)  89 + 2 =

(15)  68 + 7 =

(16)  3 + 69 =

(17)  73 + 9 =

(18)  8 + 84 =

(19)  56 + 7 =

**MC04** 받아올림이 있는 (두 자리 수)+(한 자리 수) (2)

● 덧셈을 하세요.

(1) $14 + 8 =$

(2) $23 + 9 =$

(3) $54 + 8 =$

(4) $34 + 6 =$

(5) $48 + 5 =$

(6) $35 + 6 =$

(7) $57 + 7 =$

(8) $4 + 49 =$

(9) $28 + 3 =$

(10)　44 ＋ 8 ＝

(11)　67 ＋ 6 ＝

(12)　89 ＋ 2 ＝

(13)　56 ＋ 6 ＝

(14)　79 ＋ 3 ＝

(15)　53 ＋ 7 ＝

(16)　65 ＋ 9 ＝

(17)　6 ＋ 88 ＝

(18)　8 ＋ 77 ＝

(19)　36 ＋ 5 ＝

**MC04** 받아올림이 있는 (두 자리 수)+(한 자리 수) (2)

● 덧셈을 하세요.

(1) $15 + 7 =$

(2) $73 + 9 =$

(3) $68 + 6 =$

(4) $57 + 8 =$

(5) $22 + 9 =$

(6) $84 + 7 =$

(7) $8 + 45 =$

(8) $6 + 37 =$

(9) $78 + 8 =$

(10)  $17 + 7 =$

(11)  $66 + 9 =$

(12)  $78 + 5 =$

(13)  $25 + 6 =$

(14)  $89 + 3 =$

(15)  $56 + 8 =$

(16)  $38 + 5 =$

(17)  $8 + 48 =$

(18)  $4 + 29 =$

(19)  $85 + 9 =$

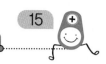

● 덧셈을 하세요.

(1) $18 + 4 =$

(2) $36 + 5 =$

(3) $54 + 9 =$

(4) $79 + 3 =$

(5) $26 + 7 =$

(6) $48 + 5 =$

(7) $7 + 67 =$

(8) $6 + 89 =$

(9) $28 + 3 =$

(10)  24 + 8 =

(11)  87 + 6 =

(12)  32 + 9 =

(13)  75 + 7 =

(14)  46 + 8 =

(15)  67 + 4 =

(16)  13 + 9 =

(17)  6 + 55 =

(18)  8 + 38 =

(19)  25 + 9 =

● 덧셈을 하세요.

(1) $45 + 6 =$

(2) $22 + 8 =$

(3) $31 + 9 =$

(4) $18 + 3 =$

(5) $47 + 4 =$

(6) $35 + 8 =$

(7) $22 + 9 =$

(8) $47 + 5 =$

(9) $16 + 8 =$

(10) $59 + 1 =$

(11) $83 + 9 =$

(12) $67 + 5 =$

(13) $76 + 8 =$

(14) $71 + 9 =$

(15) $56 + 6 =$

(16) $73 + 8 =$

(17) $69 + 4 =$

(18) $85 + 7 =$

(19) $58 + 4 =$

**MC04** 받아올림이 있는 (두 자리 수)+(한 자리 수) (2)

● |보기|와 같이 틀린 답을 바르게 고치세요.

┤ 보기 ├

$$37 + 4 = \boxed{\cancel{42}}$$
$$41$$

(1) $26 + 3 = \boxed{39}$

(2) $82 + 7 = \boxed{99}$

(3) $18 + 3 = \boxed{48}$

(4) $39 + 4 = \boxed{79}$

(5) $46 + 5 = \boxed{52}$

(6) $63 + 8 = \boxed{72}$

 덧셈에서 받아올림과 관련된 오류는 무조건 받아올림을 하는 경우, 자릿값을 정확하게 이해하지 않고 받아올림한 경우, 받아올림한 수를 십의 자리에 올리지 않고 백의 자리에 쓰는 경우입니다.

(7) $55 + 7 = \boxed{72}$

(8) $78 + 5 = \boxed{73}$

(9) $89 + 3 = \boxed{94}$

(10) $66 + 7 = \boxed{75}$

(11) $12 + 7 = \boxed{29}$

(12) $35 + 6 = \boxed{95}$

(13) $55 + 9 = \boxed{154}$

(14) $29 + 2 = \boxed{121}$

**MC04** 받아올림이 있는 (두 자리 수)+(한 자리 수) (2)

● 빈칸에 알맞은 수를 쓰세요.

| + | 2 | 3 | 4 | 5 |
|---|---|---|---|---|
| 18 | 20 | 21 | 22 | |
| 76 | | 79 | 80 | |
| 29 | 31 | | | 34 |
| 57 | 59 | 60 | | |
| 88 | 90 | | 92 | |
| 49 | | 52 | | 54 |

● 빈칸에 알맞은 수를 쓰세요.

| + | 6 | 7 | 8 | 9 |
|---|---|---|---|---|
| 34 | 40 | 41 | 42 | |
| 58 | 64 | | 66 | |
| 77 | 83 | | | 86 |
| 25 | | 32 | | 34 |
| 46 | | 53 | 54 | |
| 69 | 75 | | 77 | |

**MC04** 받아올림이 있는 (두 자리 수)+(한 자리 수) (2)

● 빈칸에 알맞은 수를 쓰세요.

| + | 5 | 6 | 7 | 8 |
|---|---|---|---|---|
| 46 | 51 | 52 | | |
| 56 | 61 | 62 | | |
| 66 | 71 | 72 | | |
| 76 | | | 83 | 84 |
| 86 | | | 93 | 94 |
| 82 | 87 | 88 | | |

● 빈칸에 알맞은 수를 쓰세요.

| + | 1 | 3 | 5 | 7 |
|---|---|---|---|---|
| 15 | 16 | 18 | | |
| 25 | 26 | 28 | | |
| 35 | 36 | 38 | | |
| 45 | 46 | 48 | | |
| 55 | 56 | 58 | | |
| 65 | 66 | 68 | | |

**MC04** 받아올림이 있는 (두 자리 수) + (한 자리 수) (2)

● ☐ 안에 알맞은 수를 쓰세요.

(1) $16 + 3 = \boxed{\phantom{00}}$

(2) $15 + 4 = \boxed{\phantom{00}}$

(3) $22 + 6 = \boxed{\phantom{00}}$

(4) $35 + 4 = \boxed{\phantom{00}}$

(5) $16 + \boxed{\phantom{0}} = 19$

(6) $15 + \boxed{\phantom{0}} = 19$

(7) $22 + \boxed{\phantom{0}} = 28$

(8) $35 + \boxed{\phantom{0}} = 39$

(9) $46 + 3 = \boxed{\phantom{00}}$

(10) $54 + 3 = \boxed{\phantom{00}}$

(11) $65 + 2 = \boxed{\phantom{00}}$

(12) $73 + 4 = \boxed{\phantom{00}}$

(13) $46 + \boxed{\phantom{0}} = 49$

(14) $54 + \boxed{\phantom{0}} = 57$

(15) $65 + \boxed{\phantom{0}} = 67$

(16) $73 + \boxed{\phantom{0}} = 77$

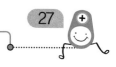

**MC04** 받아올림이 있는 (두 자리 수)+(한 자리 수) (2)

● □ 안에 알맞은 수를 쓰세요.

(1) $13 + 8 = \boxed{\phantom{00}}$

(2) $38 + 4 = \boxed{\phantom{00}}$

(3) $26 + 7 = \boxed{\phantom{00}}$

(4) $17 + 5 = \boxed{\phantom{00}}$

(5) $13 + \boxed{\phantom{0}} = 21$

(6) $38 + \boxed{\phantom{0}} = 42$

(7) $26 + \boxed{\phantom{0}} = 33$

(8) $17 + \boxed{\phantom{0}} = 22$

(9)  $34 + 9 = \boxed{\phantom{00}}$

(10)  $46 + 5 = \boxed{\phantom{00}}$

(11)  $39 + 3 = \boxed{\phantom{00}}$

(12)  $27 + 6 = \boxed{\phantom{00}}$

(13)  $34 + \boxed{\phantom{0}} = 43$

(14)  $46 + \boxed{\phantom{0}} = 51$

(15)  $39 + \boxed{\phantom{0}} = 42$

(16)  $27 + \boxed{\phantom{0}} = 33$

**MC04** 받아올림이 있는 (두 자리 수)+(한 자리 수) (2)

● ☐ 안에 알맞은 수를 쓰세요.

(1) $57 + 4 =$ ☐

(2) $83 + 8 =$ ☐

(3) $69 + 4 =$ ☐

(4) $76 + 7 =$ ☐

(5) $76 + $ ☐ $= 83$

(6) $83 + $ ☐ $= 91$

(7) $57 + $ ☐ $= 61$

(8) $69 + $ ☐ $= 73$

(9)  $68 + 4 = \boxed{\phantom{00}}$

(10)  $59 + 2 = \boxed{\phantom{00}}$

(11)  $73 + 9 = \boxed{\phantom{00}}$

(12)  $86 + 5 = \boxed{\phantom{00}}$

(13)  $73 + \boxed{\phantom{0}} = 82$

(14)  $86 + \boxed{\phantom{0}} = 91$

(15)  $68 + \boxed{\phantom{0}} = 72$

(16)  $59 + \boxed{\phantom{0}} = 61$

**MC04** 받아올림이 있는 (두 자리 수)+(한 자리 수) (2)

● ☐ 안에 알맞은 수를 쓰세요.

(1) $16 + 5 = \boxed{\phantom{00}}$

(2) $39 + 4 = \boxed{\phantom{00}}$

(3) $16 + \boxed{\phantom{0}} = 21$

(4) $26 + \boxed{\phantom{0}} = 34$

(5) $39 + \boxed{\phantom{0}} = 43$

(6) $38 + \boxed{\phantom{0}} = 43$

(7) $35 + \boxed{\phantom{0}} = 42$

(8) $27 + \boxed{\phantom{0}} = 33$

(9)  $47 + 5 = \boxed{\phantom{00}}$

(10)  $58 + 3 = \boxed{\phantom{00}}$

(11)  $19 + \boxed{\phantom{0}} = 21$

(12)  $37 + \boxed{\phantom{0}} = 46$

(13)  $47 + \boxed{\phantom{0}} = 52$

(14)  $48 + \boxed{\phantom{0}} = 52$

(15)  $58 + \boxed{\phantom{0}} = 61$

(16)  $59 + \boxed{\phantom{0}} = 64$

**MC04** 받아올림이 있는 (두 자리 수)+(한 자리 수) (2)

● □ 안에 알맞은 수를 쓰세요.

(1) $29 + 5 = \boxed{\phantom{00}}$

(2) $37 + 8 = \boxed{\phantom{00}}$

(3) $44 + \boxed{\phantom{00}} = 50$

(4) $25 + \boxed{\phantom{00}} = 30$

(5) $17 + \boxed{\phantom{00}} = 25$

(6) $25 + \boxed{\phantom{00}} = 34$

(7) $29 + \boxed{\phantom{00}} = 34$

(8) $48 + \boxed{\phantom{00}} = 52$

(9) $18 + 6 = \boxed{\phantom{00}}$

(10) $27 + 6 = \boxed{\phantom{00}}$

(11) $18 + \boxed{\phantom{0}} = 24$

(12) $14 + \boxed{\phantom{0}} = 21$

(13) $25 + \boxed{\phantom{0}} = 31$

(14) $27 + \boxed{\phantom{0}} = 33$

(15) $34 + \boxed{\phantom{0}} = 41$

(16) $46 + \boxed{\phantom{0}} = 53$

**MC04** 받아올림이 있는 (두 자리 수)+(한 자리 수) (2)

● ☐ 안에 알맞은 수를 쓰세요.

(1) $37 + 4 = $ ☐

(2) $55 + 7 = $ ☐

(3) $28 + $ ☐ $ = 32$

(4) $38 + $ ☐ $ = 46$

(5) $45 + $ ☐ $ = 54$

(6) $29 + $ ☐ $ = 31$

(7) $35 + $ ☐ $ = 42$

(8) $37 + $ ☐ $ = 41$

(9)  48 + 3 = ☐

(10)  77 + 6 = ☐

(11)  25 + ☐ = 34

(12)  19 + ☐ = 22

(13)  48 + ☐ = 51

(14)  58 + ☐ = 63

(15)  77 + ☐ = 83

(16)  77 + ☐ = 82

● ☐ 안에 알맞은 수를 쓰세요.

(1) $78 + 5 = $ ☐

(2) $65 + 7 = $ ☐

(3) $12 + $ ☐ $ = 21$

(4) $16 + $ ☐ $ = 21$

(5) $42 + $ ☐ $ = 51$

(6) $78 + $ ☐ $ = 83$

(7) $65 + $ ☐ $ = 72$

(8) $39 + $ ☐ $ = 43$

(9) $29 + 6 = \boxed{\phantom{00}}$

(10) $57 + 4 = \boxed{\phantom{00}}$

(11) $14 + \boxed{\phantom{0}} = 22$

(12) $33 + \boxed{\phantom{0}} = 42$

(13) $57 + \boxed{\phantom{0}} = 61$

(14) $29 + \boxed{\phantom{0}} = 35$

(15) $16 + \boxed{\phantom{0}} = 23$

(16) $25 + \boxed{\phantom{0}} = 31$

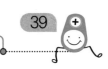

**MC04** 받아올림이 있는 (두 자리 수)+(한 자리 수) (2)

● ☐ 안에 알맞은 수를 쓰세요.

(1) $51 + 9 = \boxed{\phantom{00}}$

(2) $68 + 7 = \boxed{\phantom{00}}$

(3) $51 + \boxed{\phantom{0}} = 60$

(4) $58 + \boxed{\phantom{0}} = 63$

(5) $43 + \boxed{\phantom{0}} = 50$

(6) $68 + \boxed{\phantom{0}} = 75$

(7) $44 + \boxed{\phantom{0}} = 52$

(8) $52 + \boxed{\phantom{0}} = 60$

(9)  $14 + 8 = \boxed{\phantom{00}}$

(10)  $43 + 8 = \boxed{\phantom{00}}$

(11)  $69 + \boxed{\phantom{0}} = 72$

(12)  $64 + \boxed{\phantom{0}} = 73$

(13)  $14 + \boxed{\phantom{0}} = 22$

(14)  $77 + \boxed{\phantom{0}} = 83$

(15)  $43 + \boxed{\phantom{0}} = 51$

(16)  $82 + \boxed{\phantom{0}} = 91$

MC단계 1권

학교 연산 대비하자

# 연산 UP

● 덧셈을 하시오.

(1) 13 + 4 =

(2) 26 + 2 =

(3) 41 + 5 =

(4) 35 + 4 =

(5) 52 + 7 =

(6) 70 + 3 =

(7) 93 + 5 =

(8) 64 + 4 =

(9) 81 + 6 =

(10) $16 + 4 =$

(11) $23 + 8 =$

(12) $57 + 6 =$

(13) $39 + 7 =$

(14) $66 + 5 =$

(15) $48 + 7 =$

(16) $74 + 8 =$

(17) $32 + 9 =$

(18) $29 + 4 =$

(19) $85 + 5 =$

● 덧셈을 하시오.

(1) $25 + 7 =$

(2) $42 + 8 =$

(3) $17 + 8 =$

(4) $88 + 4 =$

(5) $56 + 5 =$

(6) $79 + 2 =$

(7) $61 + 9 =$

(8) $19 + 8 =$

(9) $48 + 5 =$

(10) $37 + 7 =$

(11) $74 + 6 =$

(12) $16 + 9 =$

(13) $58 + 9 =$

(14) $62 + 8 =$

(15) $45 + 9 =$

(16) $29 + 2 =$

(17) $83 + 8 =$

(18) $18 + 5 =$

(19) $39 + 4 =$

● 덧셈을 하시오.

(1) $17 + 6 =$

(2) $25 + 5 =$

(3) $77 + 4 =$

(4) $39 + 8 =$

(5) $46 + 5 =$

(6) $53 + 7 =$

(7) $69 + 3 =$

(8) $84 + 9 =$

(9) $58 + 6 =$

(10) $28 + 7 =$

(11) $64 + 8 =$

(12) $37 + 6 =$

(13) $56 + 5 =$

(14) $45 + 9 =$

(15) $89 + 2 =$

(16) $16 + 6 =$

(17) $72 + 8 =$

(18) $67 + 5 =$

(19) $28 + 8 =$

● 빈 곳에 알맞은 수를 써넣으시오.

(1)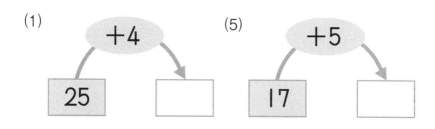

+4

25 ☐

(5)

+5

17 ☐

(2)

+4

43 ☐

(6)

+3

29 ☐

(3)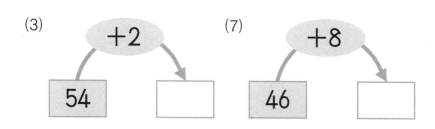

+2

54 ☐

(7)

+8

46 ☐

(4)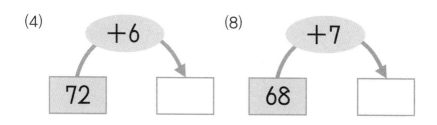

+6

72 ☐

(8)

+7

68 ☐

(9)

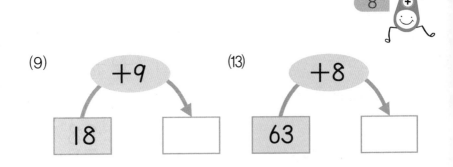

+9

18

(13)

+8

63

(10)

+3

37

(14)

+9

59

(11)

+4

29

(15)

+7

74

(12)

+6

46

(16)

+8

82

● 두 수의 합을 빈 곳에 써넣으시오.

(1)

23    4

(5)

19    6

(2)

52    6

(6)

32    8

(3)

84    5

(7)

54    9

(4)

91    7

(8)

46    7

(9)

27    8



(13)

56    8



(10)

48    5



(14)

39    9



(11)

17    7



(15)

84    7



(12)

75    6



(16)

68    8

● 빈 곳에 알맞은 수를 써넣으시오.

(1)

(3)

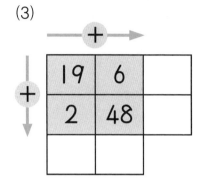

(2)

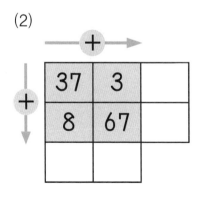

(4)

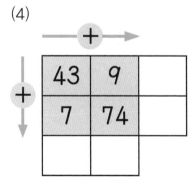

(5)

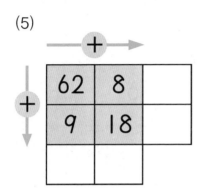

(7)

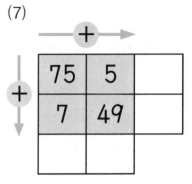

(6)

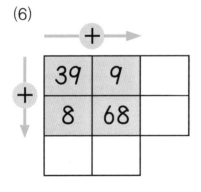

(8)

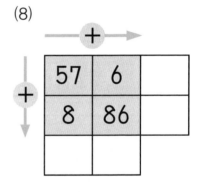

● 다음을 읽고 물음에 답하시오.

(1) 종민이는 지난달에 동화책 12권과 위인전 9권을 읽
   었습니다. 종민이가 지난달에 읽은 동화책과 위인전
   은 모두 몇 권입니까?

   (                )

(2) 공원에 비둘기가 16마리, 참새가 9마리 있습니다.
   공원에 있는 비둘기와 참새는 모두 몇 마리입니까?

   (                )

(3) 놀이터에 17명의 어린이가 놀고 있습니다. 잠시 후
   에 5명이 더 왔습니다. 놀이터에서 놀고 있는 어린
   이는 모두 몇 명입니까?

   (                )

(4) 꽃병에 장미 18송이, 국화 6송이를 꽂았습니다. 꽃
　　병에 꽂은 꽃은 모두 몇 송이입니까?

　　　　　　　　　　　　　　　(　　　　　　　)


(5) 바구니에 사과가 8개, 귤이 19개 있습니다. 바구니
　　에 있는 사과와 귤은 모두 몇 개입니까?

　　　　　　　　　　　　　　　(　　　　　　　)


(6) 정한이는 종이학을 23마리 접고, 지연이는 정한이
　　보다 7마리 더 접었습니다. 지연이가 접은 종이학은
　　모두 몇 마리입니까?

　　　　　　　　　　　　　　　(　　　　　　　)

● 다음을 읽고 물음에 답하시오.

(1) 지성이네 반 학생은 34명입니다. 1학기에 6명의 학생이 지성이네 반으로 전학을 왔습니다. 지성이네 반 학생은 모두 몇 명입니까?

(        )

(2) 서준이는 윗몸 일으키기를 어제는 18번 하였고, 오늘은 어제보다 5번 더 하였습니다. 서준이는 오늘 윗몸 일으키기를 몇 번 하였습니까?

(        )

(3) 문구점에서 연필을 승기는 25자루, 명수는 9자루 샀습니다. 두 사람이 산 연필은 모두 몇 자루입니까?

(        )

(4) 주현이는 구슬을 **26**개 가지고 있습니다. 민아에게 구슬을 **7**개 받았습니다. 주현이가 가지고 있는 구슬은 모두 몇 개입니까?

(             )

(5) 한솔이는 붙임 딱지를 **34**장 모았고, 준하는 한솔이보다 **8**장 더 많이 모았습니다. 준하가 모은 붙임 딱지는 모두 몇 장입니까?

(             )

(6) 현준이는 동화책을 **57**쪽까지 읽었습니다. 오늘 **8**쪽을 더 읽었다면, 현준이가 읽은 동화책은 모두 몇 쪽입니까?

(             )

# 정 답

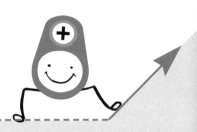

| 1 | 2 | 3 | 4 | 5 | 6 | 7 | 8 |
|---|---|---|---|---|---|---|---|
| (1) 10 | (9) 12 | (1) 10 | (9) 18 | (1) 15 | (9) 17 | (1) 21 | (9) 31 |
| (2) 12 | (10) 12 | (2) 13 | (10) 15 | (2) 18 | (10) 19 | (2) 22 | (10) 32 |
| (3) 13 | (11) 14 | (3) 16 | (11) 18 | (3) 19 | (11) 15 | (3) 24 | (11) 35 |
| (4) 16 | (12) 17 | (4) 17 | (12) 15 | (4) 17 | (12) 18 | (4) 25 | (12) 34 |
| (5) 17 | (13) 19 | (5) 18 | (13) 16 | (5) 18 | (13) 18 | (5) 24 | (13) 35 |
| (6) 16 | (14) 17 | (6) 18 | (14) 18 | (6) 14 | (14) 19 | (6) 27 | (14) 37 |
| (7) 16 | (15) 19 | (7) 15 | (15) 19 | (7) 18 | (15) 16 | (7) 22 | (15) 37 |
| (8) 17 | (16) 17 | (8) 17 | (16) 18 | (8) 15 | (16) 15 | (8) 25 | (16) 36 |
|  | (17) 19 |  | (17) 19 |  | (17) 18 |  | (17) 34 |

| 9 | 10 | 11 | 12 | 13 | 14 | 15 | 16 |
|---|---|---|---|---|---|---|---|
| (1) 14 | (9) 34 | (1) 43 | (9) 43 | (1) 62 | (9) 64 | (1) 84 | (9) 85 |
| (2) 16 | (10) 35 | (2) 44 | (10) 45 | (2) 75 | (10) 65 | (2) 87 | (10) 95 |
| (3) 18 | (11) 38 | (3) 44 | (11) 55 | (3) 73 | (11) 72 | (3) 93 | (11) 99 |
| (4) 18 | (12) 29 | (4) 51 | (12) 57 | (4) 66 | (12) 75 | (4) 94 | (12) 88 |
| (5) 22 | (13) 29 | (5) 53 | (13) 48 | (5) 67 | (13) 68 | (5) 88 | (13) 85 |
| (6) 24 | (14) 37 | (6) 54 | (14) 54 | (6) 74 | (14) 77 | (6) 88 | (14) 95 |
| (7) 27 | (15) 37 | (7) 43 | (15) 46 | (7) 74 | (15) 78 | (7) 85 | (15) 95 |
| (8) 29 | (16) 38 | (8) 44 | (16) 43 | (8) 69 | (16) 66 | (8) 97 | (16) 95 |
|  | (17) 39 |  | (17) 55 |  | (17) 75 |  | (17) 85 |

| 17 | 18 | 19 | 20 | 21 | 22 | 23 | 24 |
|---|---|---|---|---|---|---|---|
| (1) 43 | (9) 82 | (1) 29 | (9) 28 | (1) 24 | (9) 27 | (1) 45 | (9) 56 |
| (2) 47 | (10) 86 | (2) 44 | (10) 36 | (2) 25 | (10) 38 | (2) 46 | (10) 44 |
| (3) 56 | (11) 98 | (3) 53 | (11) 29 | (3) 28 | (11) 35 | (3) 54 | (11) 46 |
| (4) 55 | (12) 32 | (4) 78 | (12) 39 | (4) 33 | (12) 25 | (4) 59 | (12) 57 |
| (5) 62 | (13) 95 | (5) 68 | (13) 27 | (5) 34 | (13) 36 | (5) 47 | (13) 45 |
| (6) 66 | (14) 54 | (6) 92 | (14) 37 | (6) 38 | (14) 28 | (6) 57 | (14) 58 |
| (7) 71 | (15) 47 | (7) 85 | (15) 25 | (7) 28 | (15) 38 | (7) 45 | (15) 49 |
| (8) 77 | (16) 67 | (8) 36 | (16) 36 | (8) 37 | (16) 24 | (8) 54 | (16) 47 |
|  | (17) 93 |  | (17) 27 |  | (17) 35 |  | (17) 59 |

| 25 | 26 | 27 | 28 | 29 | 30 | 31 | 32 |
|---|---|---|---|---|---|---|---|
| (1) 12 | (9) 45 | (1) 65 | (9) 77 | 28 | 27 | 34, 35, | 66, 67 |
| (2) 23 | (10) 46 | (2) 73 | (10) 79 | 37, 39 | 43, 46 | 36 | 76, 77, |
| (3) 17 | (11) 54 | (3) 68 | (11) 69 | 46, 49 | 55 | 45, 46, | 78 |
| (4) 26 | (12) 55 | (4) 78 | (12) 88 | 58 | 66, 68 | 47 | 76, 78, |
| (5) 37 | (13) 46 | (5) 87 | (13) 93 | 66, 67 | 32, 33 | 55, 56, | 79 |
| (6) 38 | (14) 58 | (6) 74 | (14) 99 | 76, 77 | 74, 76 | 57 | 87, 88 |
| (7) 28 | (15) 57 | (7) 76 | (15) 89 |  |  | 58, 59 | 86, 87 |
| (8) 37 | (16) 47 | (8) 69 | (16) 66 |  |  | 68 |  |
|  | (17) 58 |  | (17) 78 |  |  |  |  |

## MC01

| 33 | 34 | 35 | 36 | 37 | 38 | 39 | 40 |
|---|---|---|---|---|---|---|---|
| 1) 13 | (8) 35 | (1) 56 | (8) 76 | (1) 39 | (8) 68 | (1) 25 | (8) 47 |
| 2) 16 | (9) 47 | (2) 59 | (9) 79 | (2) 45 | (9) 74 | (2) 87 | (9) 34 |
| 3) 24 | (10) 48 | (3) 65 | (10) 84 | (3) 5 | (10) 2 | (3) 5 | (10) 5 |
| 4) 3 | (11) 38 | (4) 7 | (11) 95 | (4) 3 | (11) 2 | (4) 2 | (11) 1 |
| 5) 5 | (12) 5 | (5) 6 | (12) 6 | (5) 3 | (12) 3 | (5) 3 | (12) 4 |
| 6) 9 | (13) 7 | (6) 4 | (13) 5 | (6) 4 | (13) 4 | (6) 7 | (13) 4 |
| 7) 4 | (14) 3 | (7) 3 | (14) 4 | (7) 4 | (14) 6 | (7) 2 | (14) 2 |
| | (15) 2 | | (15) 3 | | (15) 2 | | (15) 8 |

## MC02

| 1 | 2 | 3 | 4 | 5 | 6 | 7 | 8 |
|---|---|---|---|---|---|---|---|
| 1) 10 | (9) 10 | (1) 20 | (9) 30 | (1) 40 | (9) 50 | (1) 70 | (9) 80 |
| 2) 10 | (10) 10 | (2) 20 | (10) 30 | (2) 40 | (10) 50 | (2) 70 | (10) 80 |
| 3) 10 | (11) 10 | (3) 20 | (11) 29 | (3) 38 | (11) 48 | (3) 70 | (11) 77 |
| 4) 10 | (12) 10 | (4) 20 | (12) 29 | (4) 38 | (12) 48 | (4) 70 | (12) 77 |
| 5) 8 | (13) 9 | (5) 18 | (13) 30 | (5) 40 | (13) 60 | (5) 69 | (13) 90 |
| 6) 8 | (14) 9 | (6) 18 | (14) 30 | (6) 40 | (14) 60 | (6) 69 | (14) 90 |
| 7) 10 | (15) 10 | (7) 20 | (15) 30 | (7) 50 | (15) 60 | (7) 80 | (15) 90 |
| 8) 10 | (16) 10 | (8) 20 | (16) 30 | (8) 50 | (16) 60 | (8) 80 | (16) 90 |

| 09 | 10 | 11 | 12 |
|---|---|---|---|
| (1) 28 | (9) 20 | (1) 20 | (9) 20 |
| (2) 28 | (10) 20 | (2) +3 〔10 17 20〕 | (10) +4 〔10 16 20〕 |
| (3) 60 | (11) 89 | (3) 40 | (11) 40 |
| (4) 60 | (12) 89 | (4) +2 〔30 38 40〕 | (12) +7 〔30 33 40〕 |
| (5) 70 | (13) 40 | (5) 30 | (13) 45 |
| (6) 70 | (14) 40 | (6) +1 〔20 2930〕 | (14) +3 〔40 42 45〕 |
| (7) 80 | (15) 50 | (7) 50 | (15) 30 |
| (8) 80 | (16) 50 | (8) +6 〔40 44 50〕 | (16) +5 〔20 25 30〕 |

| 13 | 14 | 15 | 16 |
|---|---|---|---|
| (1) 30 | (9) 60 | (1) 60 | (9) 60 |
| (2) +6 〔20 24 30〕 | (10) +3 〔50 57 60〕 | (2) +5 〔50 55 60〕 | (10) +2 〔50 58 60〕 |
| (3) 40 | (11) 70 | (3) 70 | (11) 78 |
| (4) +4 〔30 36 40〕 | (12) +5 〔60 65 70〕 | (4) +6 〔60 64 70〕 | (12) +2 〔70 76 78〕 |
| (5) 50 | (13) 80 | (5) 80 | (13) 70 |
| (6) +8 〔40 42 50〕 | (14) +3 〔70 77 80〕 | (6) +9 〔7071 80〕 | (14) +3 〔60 67 70〕 |
| (7) 50 | (15) 90 | (7) 90 | (15) 90 |
| (8) +9 〔4041 50〕 | (16) +4 〔80 86 90〕 | (8) +8 〔80 82 90〕 | (16) +5 〔80 85 90〕 |

| 17 | 18 | 19 | 20 | 21 | 22 | 23 | 24 |
|---|---|---|---|---|---|---|---|
| ) 20 | (7) 40 | (1) 20 | (10) 40 | (1) 60 | (10) 80 | (1) 30 | (10) 60 |
| 2) 20 | (8) 40 | (2) 30 | (11) 30 | (2) 60 | (11) 90 | (2) 50 | (11) 90 |
| 3) 30 | (9) 50 | (3) 50 | (12) 37 | (3) 70 | (12) 80 | (3) 60 | (12) 70 |
| 4) 30 | (10) 47 | (4) 18 | (13) 50 | (4) 70 | (13) 80 | (4) 39 | (13) 80 |
| 5) 20 | (11) 40 | (5) 50 | (14) 40 | (5) 70 | (14) 90 | (5) 20 | (14) 79 |
| 6) 30 | (12) 40 | (6) 30 | (15) 20 | (6) 59 | (15) 88 | (6) 40 | (15) 70 |
|  | (13) 50 | (7) 20 | (16) 40 | (7) 60 | (16) 80 | (7) 20 | (16) 80 |
|  | (14) 40 | (8) 30 | (17) 50 | (8) 70 | (17) 80 | (8) 58 | (17) 60 |
|  | (15) 50 | (9) 40 | (18) 30 | (9) 60 | (18) 90 | (9) 50 | (18) 70 |
|  | (16) 50 |  | (19) 50 |  | (19) 90 |  | (19) 90 |

| 25 | 26 | 27 | 28 | 29 | 30 | 31 | 32 |
|---|---|---|---|---|---|---|---|
| ) 30 | (10) 60 | (1) 60 | (10) 40 | (1) 80 | (10) 90 | (1) 20 | (7) 50 |
| 2) 30 | (11) 70 | (2) 60 | (11) 20 | (2) 90 | (11) 95 | (2) 40 | (8) 95 |
| 3) 40 | (12) 60 | (3) 70 | (12) 50 | (3) 95 | (12) 30 | (3) 60 | (9) 90 |
| 4) 40 | (13) 50 | (4) 78 | (13) 47 | (4) 50 | (13) 40 | (4) 29 | (10) 40 |
| 5) 48 | (14) 50 | (5) 40 | (14) 60 | (5) 80 | (14) 60 | (5) 70 | (11) 60 |
| 6) 50 | (15) 49 | (6) 80 | (15) 60 | (6) 90 | (15) 70 | (6) 80 | (12) 30 |
| 7) 30 | (16) 67 | (7) 20 | (16) 70 | (7) 90 | (16) 90 |  | (13) 18 |
| 8) 36 | (17) 60 | (8) 70 | (17) 60 | (8) 70 | (17) 90 |  | (14) 70 |
| 9) 40 | (18) 40 | (9) 68 | (18) 80 | (9) 49 | (18) 80 |  |  |
|  | (19) 70 |  | (19) 70 |  | (19) 57 |  |  |

## MC02

| 33 | 34 | 35 | 36 | 37 | 38 | 39 | 40 |
|---|---|---|---|---|---|---|---|
| (1) 10 | (8) 16 | (1) 30 | (8) 50 | (1) 80 | (8) 70 | (1) 20 | (8) 30 |
| (2) 10 | (9) 15 | (2) 30 | (9) 50 | (2) 80 | (9) 80 | (2) 90 | (9) 70 |
| (3) 10 | (10) 20 | (3) 40 | (10) 60 | (3) 3 | (10) 5 | (3) 7 | (10) 7 |
| (4) 4 | (11) 20 | (4) 7 | (11) 70 | (4) 2 | (11) 8 | (4) 6 | (11) 4 |
| (5) 1 | (12) 5 | (5) 2 | (12) 3 | (5) 7 | (12) 4 | (5) 3 | (12) 2 |
| (6) 7 | (13) 1 | (6) 5 | (13) 5 | (6) 5 | (13) 3 | (6) 4 | (13) 3 |
| (7) 2 | (14) 4 | (7) 3 | (14) 4 | (7) 3 | (14) 6 | (7) 2 | (14) 3 |
| | (15) 8 | | (15) 6 | | (15) 9 | | (15) 2 |

## MC03

| 1 | 2 | 3 | 4 | 5 | 6 | 7 | 8 |
|---|---|---|---|---|---|---|---|
| (1) 10 | (9) 90 | (1) 22 | (9) 34 | (1) 42 | (9) 53 | (1) 62 | (9) 72 |
| (2) 10 | (10) 90 | (2) 22 | (10) 34 | (2) 42 | (10) 53 | (2) 62 | (10) 72 |
| (3) 20 | (11) 50 | (3) 22 | (11) 32 | (3) 41 | (11) 53 | (3) 61 | (11) 71 |
| (4) 20 | (12) 50 | (4) 22 | (12) 32 | (4) 41 | (12) 53 | (4) 61 | (12) 71 |
| (5) 40 | (13) 70 | (5) 24 | (13) 34 | (5) 44 | (13) 55 | (5) 63 | (13) 73 |
| (6) 40 | (14) 70 | (6) 24 | (14) 34 | (6) 44 | (14) 55 | (6) 63 | (14) 73 |
| (7) 28 | (15) 60 | (7) 23 | (15) 31 | (7) 43 | (15) 51 | (7) 64 | (15) 76 |
| (8) 28 | (16) 60 | (8) 23 | (16) 31 | (8) 43 | (16) 51 | (8) 64 | (16) 76 |

| 9 | 10 | 11 | 12 | 13 | 14 | 15 | 16 |
|---|---|---|---|---|---|---|---|
| ) 23 | (9) 46 | (1) 84 | (9) 93 | (1) 24 | (9) 82 | (1) 42 | (9) 94 |
| ) 23 | (10) 46 | (2) 84 | (10) 93 | (2) 24 | (10) 82 | (2) 42 | (10) 94 |
| ) 23 | (11) 52 | (3) 82 | (11) 93 | (3) 43 | (11) 62 | (3) 82 | (11) 63 |
| ) 23 | (12) 52 | (4) 82 | (12) 93 | (4) 43 | (12) 62 | (4) 82 | (12) 63 |
| ) 32 | (13) 61 | (5) 81 | (13) 92 | (5) 53 | (13) 71 | (5) 21 | (13) 71 |
| ) 32 | (14) 61 | (6) 81 | (14) 92 | (6) 53 | (14) 71 | (6) 21 | (14) 71 |
| ) 33 | (15) 75 | (7) 84 | (15) 93 | (7) 34 | (15) 96 | (7) 54 | (15) 32 |
| ) 33 | (16) 75 | (8) 84 | (16) 93 | (8) 34 | (16) 96 | (8) 54 | (16) 32 |

| 17 | 18 | 19 | 20 | 21 | 22 | 23 | 24 |
|---|---|---|---|---|---|---|---|
| ) 1, 11 | (7) 2, 2, 12 | (1) 21 | (7) 3, 3, 43 | (1) 2, 2, 62 | (7) 1, 1, 81 | (1) 4, 4, 24 | (7) 2, 2, 82 |
| ) 2, 12 | (8) 4, 4, 14 | (2) 2, 22 | (8) 4, 4, 44 | (2) 2, 2, 62 | (8) 4, 4, 84 | (2) 3, 3, 43 | (8) 3, 3, 93 |
| ) 1, 1, | (9) 1, 1, 11 | (3) 1, 1, 21 | (9) 3, 3, 43 | (3) 3, 3, 63 | (9) 4, 4, 84 | (3) 2, 2, 62 | (9) 1, 1, 41 |
| ) 3, 3, | (10) 4, 4, 14 | (4) 1, 1, 31 | (10) 1, 1, 51 | (4) 3, 3, 73 | (10) 3, 3, 93 | (4) 3, 3, 33 | (10) 3, 3, 53 |
| ) 6, 6, | (11) 5, 5, 15 | (5) 2, 2, 32 | (11) 1, 1, 51 | (5) 5, 5, 75 | (11) 2, 2, 92 | (5) 2, 2, 52 | (11) 1, 1, 61 |
| ) 2, 2, | (12) 3, 3, 13 | (6) 2, 2, 32 | (12) 2, 2, 52 | (6) 1, 1, 71 | (12) 2, 2, 92 | (6) 1, 1, 71 | (12) 2, 2, 72 |

## MC03

| 25 | 26 | 27 | 28 | 29 | 30 | 31 | 32 |
|---|---|---|---|---|---|---|---|
| (1) 2, 20, 24 | (7) 8, 20, 21 | (1) 3, 20, 23 | (7) 8, 40, 41 | (1) 7, 60, 61 | (7) 5, 80, 82 | (1) 4, 4, 24 | (7) 2, 80, 8( |
| (2) 6, 20, 21 | (8) 6, 20, 22 | (2) 3, 20, 25 | (8) 6, 40, 42 | (2) 4, 60, 61 | (8) 8, 80, 81 | (2) 3, 3, 43 | (8) 7, 90, 91 |
| (3) 5, 20, 23 | (9) 6, 20, 23 | (3) 2, 20, 23 | (9) 4, 40, 43 | (3) 1, 60, 63 | (9) 2, 80, 85 | (3) 2, 2, 62 | (9) 5, 40, 4( |
| (4) 8, 20, 21 | (10) 5, 20, 22 | (4) 6, 30, 31 | (10) 2, 50, 54 | (4) 6, 70, 71 | (10) 6, 90, 92 | (4) 3, 3, 33 | (10) 1, 50, 5( |
| (5) 7, 20, 21 | (11) 5, 20, 24 | (5) 4, 30, 32 | (11) 1, 50, 56 | (5) 3, 70, 73 | (11) 1, 90, 95 | (5) 2, 2, 52 | (11) 3, 60, 6( |
| (6) 4, 20, 23 | (12) 4, 20, 24 | (6) 5, 30, 33 | (12) 5, 50, 53 | (6) 4, 70, 75 | (12) 4, 90, 91 | (6) 1, 1, 71 | (12) 5, 70, 71 |

## MC03

| 33 | 34 | 35 | 36 | 37 | 38 | 39 | 40 |
|---|---|---|---|---|---|---|---|
| (1) 10 | (10) 20 | (1) 21 | (10) 21 | (1) 44 | (10) 54 | (1) 20 | (10) 50 |
| (2) 10 | (11) 30 | (2) 22 | (11) 36 | (2) 42 | (11) 41 | (2) 51 | (11) 21 |
| (3) 10 | (12) 20 | (3) 25 | (12) 22 | (3) 42 | (12) 54 | (3) 32 | (12) 32 |
| (4) 10 | (13) 28 | (4) 22 | (13) 36 | (4) 43 | (13) 42 | (4) 43 | (13) 42 |
| (5) 13 | (14) 40 | (5) 20 | (14) 21 | (5) 44 | (14) 56 | (5) 51 | (14) 31 |
| (6) 11 | (15) 49 | (6) 33 | (15) 34 | (6) 54 | (15) 41 | (6) 42 | (15) 42 |
| (7) 13 | (16) 40 | (7) 31 | (16) 25 | (7) 51 | (16) 51 | (7) 31 | (16) 53 |
| (8) 12 | (17) 50 | (8) 33 | (17) 32 | (8) 53 | (17) 46 | (8) 22 | (17) 25 |
| (9) 12 | (18) 30 | (9) 31 | (18) 21 | (9) 52 | (18) 54 | (9) 42 | (18) 41 |
| | (19) 40 | | (19) 36 | | (19) 41 | | (19) 51 |

| 1 | 2 | 3 | 4 | 5 | 6 | 7 | 8 |
|---|---|---|---|---|---|---|---|
| ) 20 | (10) 22 | (1) 61 | (10) 63 | (1) 80 | (10) 92 | (1) 73 | (10) 92 |
| ) 40 | (11) 32 | (2) 62 | (11) 76 | (2) 81 | (11) 90 | (2) 83 | (11) 62 |
| ) 50 | (12) 44 | (3) 61 | (12) 64 | (3) 84 | (12) 81 | (3) 74 | (12) 75 |
| ) 70 | (13) 42 | (4) 63 | (13) 71 | (4) 83 | (13) 93 | (4) 92 | (13) 82 |
| ) 59 | (14) 40 | (5) 61 | (14) 64 | (5) 81 | (14) 84 | (5) 81 | (14) 64 |
| ) 30 | (15) 41 | (6) 73 | (15) 71 | (6) 93 | (15) 82 | (6) 91 | (15) 81 |
| ) 90 | (16) 31 | (7) 72 | (16) 64 | (7) 91 | (16) 80 | (7) 66 | (16) 62 |
| ) 80 | (17) 22 | (8) 72 | (17) 72 | (8) 93 | (17) 92 | (8) 91 | (17) 81 |
| ) 97 | (18) 32 | (9) 74 | (18) 63 | (9) 91 | (18) 92 | (9) 61 | (18) 75 |
| | (19) 23 | | (19) 73 | | (19) 84 | | (19) 92 |

| 9 | 10 | 11 | 12 | 13 | 14 | 15 | 16 |
|---|---|---|---|---|---|---|---|
| ) 21 | (10) 41 | (1) 22 | (10) 52 | (1) 22 | (10) 24 | (1) 22 | (10) 32 |
| ) 23 | (11) 52 | (2) 32 | (11) 73 | (2) 82 | (11) 75 | (2) 41 | (11) 93 |
| ) 32 | (12) 55 | (3) 62 | (12) 91 | (3) 74 | (12) 83 | (3) 63 | (12) 41 |
| ) 32 | (13) 92 | (4) 40 | (13) 62 | (4) 65 | (13) 31 | (4) 82 | (13) 82 |
| ) 62 | (14) 91 | (5) 53 | (14) 82 | (5) 31 | (14) 92 | (5) 33 | (14) 54 |
| ) 64 | (15) 75 | (6) 41 | (15) 60 | (6) 91 | (15) 64 | (6) 53 | (15) 71 |
| ) 81 | (16) 72 | (7) 64 | (16) 74 | (7) 53 | (16) 43 | (7) 74 | (16) 22 |
| ) 81 | (17) 82 | (8) 53 | (17) 94 | (8) 43 | (17) 56 | (8) 95 | (17) 61 |
| ) 41 | (18) 92 | (9) 31 | (18) 85 | (9) 86 | (18) 33 | (9) 31 | (18) 46 |
| | (19) 63 | | (19) 41 | | (19) 94 | | (19) 34 |

## MC04

| 17 | 18 | 19 | 20 | 21 | 22 | 23 | 24 |
|---|---|---|---|---|---|---|---|
| (1) 51 | (10) 60 | (1) 29 | (7) 62 | 23 | 43 | 53, 54 | 20, 22 |
| (2) 30 | (11) 92 | (2) 89 | (8) 83 | 78, 81 | 65, 67 | 63, 64 | 30, 32 |
| (3) 40 | (12) 72 | (3) 21 | (9) 92 | 32, 33 | 84, 85 | 73, 74 | 40, 42 |
| (4) 21 | (13) 84 | (4) 43 | (10) 73 | 61, 62 | 31, 33 | 81, 82 | 50, 42 |
| (5) 51 | (14) 80 | (5) 51 | (11) 19 | 91, 93 | 52, 55 | 91, 92 | 60, 62 |
| (6) 43 | (15) 62 | (6) 71 | (12) 41 | 51, 53 | 76, 78 | 89, 90 | 70, 72 |
| (7) 31 | (16) 81 | | (13) 64 | | | | |
| (8) 52 | (17) 73 | | (14) 31 | | | | |
| (9) 24 | (18) 92 | | | | | | |
| | (19) 62 | | | | | | |

## MC04

| 25 | 26 | 27 | 28 | 29 | 30 | 31 | 32 |
|---|---|---|---|---|---|---|---|
| (1) 19 | (9) 49 | (1) 21 | (9) 43 | (1) 61 | (9) 72 | (1) 21 | (9) 52 |
| (2) 19 | (10) 57 | (2) 42 | (10) 51 | (2) 91 | (10) 61 | (2) 43 | (10) 61 |
| (3) 28 | (11) 67 | (3) 33 | (11) 42 | (3) 73 | (11) 82 | (3) 5 | (11) 2 |
| (4) 39 | (12) 77 | (4) 22 | (12) 33 | (4) 83 | (12) 91 | (4) 8 | (12) 9 |
| (5) 3 | (13) 3 | (5) 8 | (13) 9 | (5) 7 | (13) 9 | (5) 4 | (13) 5 |
| (6) 4 | (14) 3 | (6) 4 | (14) 5 | (6) 8 | (14) 5 | (6) 5 | (14) 4 |
| (7) 6 | (15) 2 | (7) 7 | (15) 3 | (7) 4 | (15) 4 | (7) 7 | (15) 3 |
| (8) 4 | (16) 4 | (8) 5 | (16) 6 | (8) 4 | (16) 2 | (8) 6 | (16) 5 |

## MC04

| 33 | 34 | 35 | 36 | 37 | 38 | 39 | 40 |
|---|---|---|---|---|---|---|---|
| ) 34 | (9) 24 | (1) 41 | (9) 51 | (1) 83 | (9) 35 | (1) 60 | (9) 22 |
| ) 45 | (10) 33 | (2) 62 | (10) 83 | (2) 72 | (10) 61 | (2) 75 | (10) 51 |
| ) 6 | (11) 6 | (3) 4 | (11) 9 | (3) 9 | (11) 8 | (3) 9 | (11) 3 |
| ) 5 | (12) 7 | (4) 8 | (12) 3 | (4) 5 | (12) 9 | (4) 5 | (12) 9 |
| ) 8 | (13) 6 | (5) 9 | (13) 3 | (5) 9 | (13) 4 | (5) 7 | (13) 8 |
| ) 9 | (14) 6 | (6) 2 | (14) 5 | (6) 5 | (14) 6 | (6) 7 | (14) 6 |
| ) 5 | (15) 7 | (7) 7 | (15) 6 | (7) 7 | (15) 7 | (7) 8 | (15) 8 |
| ) 4 | (16) 7 | (8) 4 | (16) 5 | (8) 4 | (16) 6 | (8) 8 | (16) 9 |

## 연산 UP

| 1 | 2 | 3 | 4 | 5 | 6 | 7 | 8 |
|---|---|---|---|---|---|---|---|
| ) 17 | (10) 20 | (1) 32 | (10) 44 | (1) 23 | (10) 35 | (1) 29 | (9) 27 |
| ) 28 | (11) 31 | (2) 50 | (11) 80 | (2) 30 | (11) 72 | (2) 47 | (10) 40 |
| ) 46 | (12) 63 | (3) 25 | (12) 25 | (3) 81 | (12) 43 | (3) 56 | (11) 33 |
| ) 39 | (13) 46 | (4) 92 | (13) 67 | (4) 47 | (13) 61 | (4) 78 | (12) 52 |
| ) 59 | (14) 71 | (5) 61 | (14) 70 | (5) 51 | (14) 54 | (5) 22 | (13) 71 |
| ) 73 | (15) 55 | (6) 81 | (15) 54 | (6) 60 | (15) 91 | (6) 32 | (14) 68 |
| ) 98 | (16) 82 | (7) 70 | (16) 31 | (7) 72 | (16) 22 | (7) 54 | (15) 81 |
| ) 68 | (17) 41 | (8) 27 | (17) 91 | (8) 93 | (17) 80 | (8) 75 | (16) 90 |
| ) 87 | (18) 33 | (9) 53 | (18) 23 | (9) 64 | (18) 72 | | |
| | (19) 90 | | (19) 43 | | (19) 36 | | |

| 9 | 10 | 11 | 12 |
|---|---|---|---|

**9**

(1) 27

(2) 58

(3) 89

(4) 98

(5) 25

(6) 40

(7) 63

(8) 53

**10**

(9) 35

(10) 53

(11) 24

(12) 81

(13) 64

(14) 48

(15) 91

(16) 76

**11**

(1)

| + | | |
|---|---|---|
| 56 | 7 | 63 |
| 4 | 26 | 30 |
| 60 | 33 | |

(2)

| + | | |
|---|---|---|
| 37 | 3 | 40 |
| 8 | 67 | 75 |
| 45 | 70 | |

(3)

| + | | |
|---|---|---|
| 19 | 6 | 25 |
| 2 | 48 | 50 |
| 21 | 54 | |

(4)

| + | | |
|---|---|---|
| 43 | 9 | 52 |
| 7 | 74 | 81 |
| 50 | 83 | |

**12**

(5)

| + | | |
|---|---|---|
| 62 | 8 | 70 |
| 9 | 18 | 27 |
| 71 | 26 | |

(6)

| + | | |
|---|---|---|
| 39 | 9 | 48 |
| 8 | 68 | 76 |
| 47 | 77 | |

(7)

| + | | |
|---|---|---|
| 75 | 5 | 80 |
| 7 | 49 | 56 |
| 82 | 54 | |

(8)

| + | | |
|---|---|---|
| 57 | 6 | 63 |
| 8 | 86 | 94 |
| 65 | 92 | |

| 13 | 14 | 15 | 16 |
|---|---|---|---|
| (1) 21권 | (4) 24송이 | (1) 40명 | (4) 33개 |
| (2) 25마리 | (5) 27개 | (2) 23번 | (5) 42장 |
| (3) 22명 | (6) 30마리 | (3) 34자루 | (6) 65쪽 |